뛰는 사람

뛰는 사람

달리기를 멈추지 않는 생물학자
베른트 하인리히의 80년 러닝 일지

베른트 하인리히 지음
조은영 옮김

윌북

나에게 말해준다면 잊을 것이고

가르쳐주면 기억할 것이며

참여하게 하면 배울 것이다

·

순자

추천의 말

베른트 하인리히만큼 멋있는 과학자는 많지 않다. 그는 손대는 연구마다 놀라운 결과를 얻어낸 탁월한 생리생태학자다. 우리들은 그저 과학하기만도 벅찬데, 그는 41세에 1.6킬로미터당 평균 6분 38초의 속도로 80킬로미터를 달려 장년부 신기록을 보유한 세계적인 달리기 선수이기도 하다. 서른여덟이라는 젊은 나이에 캘리포니아주립대 정교수가 되었는데, 3년 만에 모든 걸 내려놓고 고향 메인주에 통나무집을 지어 자연으로 돌아갔다. 그러나 뼛속까지 과학자인 그는 변변한 실험 기기도 없는 메인주의 숲에서도 지극히 단순한, 그러나 대단히 영리한 실험을 통해 최고 수준의 논문들을 쏟아냈다. 달리기도 그냥 하는 게 아니다. 끊임없이 분석하고 실험하며 도전적인 자세로 기록을 갱신해왔다. 두 발로 서고 체모가 사라지기 시작하며 오래 뛸 수 있게 된 우리 인간은 탁월한 사냥꾼이 되었다. '뛰는 사람'의 생체시계가 어떻게 개선되거나 노화하는지 알아내기 위해 그는 여든이 넘은 오늘도 뛰고 있다. 과학계에서 흔치 않은 일이지만 베른트 하인리히는 우리 생물학자들에게 영웅 같은 존재다. 자신이 직접 심고 가꾼 미국밤나무 숲에 좋은 거름이 되고 싶다는 그의 삶을 응원한다.

최재천 · 이화여자대학교 에코과학부 석좌교수, 생명다양성재단 이사장

인생을 재밌게 사는 사람은 얼핏 봐도 티가 난다. 그 근처에서 얼쩡대다 보면 나까지 신선한 경험에 휘말리곤 하니까. 생물학자 베른트 하인리히는 딱 그런 부류다. 평생 동안 뒤영벌이나 쇠똥구리를 관찰해온 성실한 과학자. 그런데 전혀 어울리지 않게 달리기라니! 그것도 대충 취미 생활로 뛰는 게 아니다. 그는 80세가 되는 기념으로 100킬로미터를 달리겠다는 목표를 세운 야심 찬 러너다.

이 책을 읽다 보면 마치 긴 수염을 휘날리며 달리는 찰스 다윈을 보는 것처럼 이채롭다. 뿐만 아니라 벌과 개미에게 배운 생존 방식을 달리기에 접목해보는 투철한 실험 정신마저 느껴진다. 나이가 들면 슬슬 달리기를 접어야 하는 게 아닌가 싶었건만 70대에도 끄떡없이 젊은이들과 울트라 마라톤을 즐기는 그에게서 희망을 얻었다. 생물학과 달리기와 나이 듦이 어우러진, 세 가지 맛 에너지 음료를 들이켠 기분이랄까. 얼굴도 모르는 여든 살의 '뛰는 사람'에게 동지애를 느낄 줄은 진짜 몰랐다.

이영미 · 『마녀체력』, 『걷기의 말들』 저자

차례

일러두기

생물 이름은 우리말로 번역된 명칭이 없는 경우 영문명을 그대로 옮기거나, 학술적 명칭 외에 흔히 불리는 이름이 따로 있는 경우 그에 따라 표기하였다.

들어가며

다른 많은 이처럼 나도 살아가면서 시간의 흐름에 따라 겪은 일을 기록하고 추적하기 위해 일지를 쓴다. 달리기 선수가 목표 기록을 향해 잘 달리고 있는지 확인하기 위해 일지를 쓰듯이 나에게도 두 가지 목표가 있었다. 하나는 80세가 되는 해에 100킬로미터 달리기에 도전하는 것이었고, 나머지 하나는 스스로를 실험용 기니피그로 삼아 내 연령대에서 세계기록을 세운 다음, 그걸로 책을 쓰는 것이었다.

인생의 대부분을 생물학자로 살아왔기에 주변 자연을 관찰하고 질문하고 실험하는 것이 평생의 업이었다. 늘 괜찮은 연구 대상을 찾아다니며 지금까지 박각시나방, 꿀벌, 뒤영벌, 나비, 꽃등에, 춤파리, 쇠똥구리, 잠자리, 자나방, 까마귀, 큰까마귀, 딱따구리, 붓꽃, 미국밤나무, 청설모 등으로 실험 논문을 썼다. 그리고 나이가 들수록 생명체 사이에 얼마나 공통점이 많은지 절실히 깨닫고 있다. 결국 우리 모두는 동족이라고 할 수 있다. 그래서 가끔씩 다른 생물을 연구하며 얻은 지식을 인간에게 적용해보곤 했다. 그 예로 나 자신을 시험체로 삼아 꿀, 크랜베리 주스, 올리브유, 초콜릿 아이스크림, 맥주, 이유식, 롤빵처럼 다양한 음식이 달리기에 어떤 영향을 미치는지 실험한 적도 있다(설탕이 아닌 다른 감미료를 첨가한 크랜베리 주스를 마시고 24시간을 달려 얼떨결에 시험 목록에 추가한 경우도 있다). 노화도 실험 대상 중 하나다. 나는 79년 동안 실험을 진행했고 2020년 4월 19일, 80세 생일이 지나자마자 100킬로미터 달리기에 도전하기로 했다.

하지만 지금 나는 메인주 서부 산악 지대의 끝없이 펼쳐진 숲속 오두막집 장작 난로 옆 소파에 하릴없이 앉아 있다. 여기서 지난 10년간 살았고 그전에도 이곳은 65년 동안 내 영혼의 고향이었다. 이곳은 바람이 거칠고 눈이 많이 내린다. 문득 달력을 보니 내가 태어난 지 80년하고도 3일이 더 지났다. 달력에는 100킬로미터 달리기 대회 날짜와 장소가 적혀 있다. 4월 26일, 코네티컷주 와라모그호. 작년 11월에 적어둔 것이다. 그러나 코로나 팬데믹으로 봉쇄 조치가 내려진 지 벌써 몇 개월이 지났다. 지난주에는 보스턴 마라톤 대회도 취소되었다. 코로나 바이러스가 아니더라도 어차피 작년 11월부터 달리지 못하는 형편이긴 하다. 눈 폭풍이 크게 불어온 어느 날 오후, 사슴을 뒤쫓아 옆 산의 호턴 레지스라는 험한 바위 지대까지 갔다가 발목을 다쳤는데 여태 낫지를 않는다. 100킬로미터 대회 출전이 요원해지면서 매일 쓰던 일지는 그날그날 숲에서 본 것들로 채우기 시작했다. 오늘도 아직 어둠이 가시지 않은 새벽 4시 46분에 이렇게 적었다. "한겨울처럼 온 세상이 눈으로 뒤덮였다. 멧도요 한 마리가 눈 쌓인 우리 집 숲속 공터에 나타났다. 땅에 내려앉아 반복된 울음소리로 황혼과 여명에 맞춰 제 존재를 알리더니 하늘로 올라 화려한 춤사위를 선보였다. 지난밤 내내 눈 폭풍이 불었지만 무슨 일이 있었냐는 듯 태연했다. 날이 밝으면 또 어떤 녀석이 나타날지 궁금하다. 일찌감치 등장한 산적딱새, 붉은꼬리지빠귀, 겨울굴뚝새가 너무 서둘러 돌아온 것 같다며 다시 남쪽으로 발걸음을 돌릴까? 아니면 노래하고 둥지를 트는 원래 일정이 틀어지지 않도록 몸속의 생체시계가 애써 막고 있을까?"

과학은 증거를 찾고 진실을 밝히는 학문이다. 적어도 물리학과 화학, 어쩌면 천문학에서는 수학 공식만 있으면 어느 정도 쉽게 과학적 결과가 나올지도 모르겠다. 이런 공식들은 보통 시간을 직접 다루지 않는다 (에너지는 질량 곱하기 광속의 제곱과 같다는 아인슈타인의 공식에서는 시간이 간접적으로 포함된다. 속도는 시간의 함수니까). 그러나 생물학자에게 시간은 보편적 요소이고 생명은 불확실한 존재일 뿐이다. 모든 생명이 시간과 관계가 있다는 말은 중력 법칙만큼이나 진실되다. 시간 없이는 어떤 진화도, 바이러스나 세포 하나도 만들어질 수 없다. 탄생도 없고 죽음도 없다. 시간은 우리 삶의 근본을 이루는 요소다. 사물을 다양한 방향으로 밀고 당기는 흐름은 항상 존재해왔고 그 결과는 물리학과 화학 법칙으로 설명할 수 있게 되었다.

나는 사소한 사건이 꾸준히 쌓여 마침내 엄청난 영향력을 발휘하는 자연의 운영 방식에 경탄을 금할 수가 없다. 이 사건들은 시간의 끝까지 퍼져나가 막다른 길을 만나면 그 자리에서 다시 시간을 창조해 평가하고, 또 새롭게 길을 열어 과거에 한 번도 접하거나 생각지 못한 가능성을 드러낸다. 매일이 재앙일 수도, 기회일 수도 있다는 말이다.

시인 로버트 프로스트의 말을 빌리면, 나에게는 여전히 가야 할 길과 지켜야 할 약속이 있다. 그러나 100킬로미터 울트라 마라톤을 달리려던 원래 계획은 끝내 실행하지 못할 것이다. 팔순의 나는 상황이나 결과를 무시하고 무모하게 일을 고집할 필요도, 더는 그럴 열정도 느끼지 않는다는 걸 깨닫는 중이다. 코로나바이러스로 봉쇄가 얼마나 더 지속될지 누가 알까? 어쩌면 내가 죽을 때까지 이어질지도 모른다. 이제는 달리기보다 더 나은 다른 일을 할 생각이다.

매일 30킬로미터씩 달리지 않아도 되니 시간이 많아졌다. 통나무집 처마 밑에 쌓아둔 상자 속 종이 뭉치를 뒤적거리며 옛 기억을 더듬었다. 강의 시간에 적은 노트, 출간한 책의 자료, 그동안의 연구 기록, 공책과 편지와 수많은 달리기 기록 파일이 뒤죽박죽 섞여 있었다. 달리기 파일은 메인주의 굿윌학교에서 크로스컨트리를 하던 시절부터 시작되었다.

그중에는 부모님이 물려주신 것을 최근에 여동생이 전해준 상자가 있는데, 이상하게도 전에는 본 기억이 없다. 상자 속에는 집 없는 아이들을 위한 굿윌학교에 들어간 열두 살 때부터 부모님과 떨어져 지낸 28년 동안 주고받은 모든 편지가 들어 있었다. 아빠와 마무샤(독일계 폴란드인인 어머니를 우리는 그렇게 불렀다)에게 보낸 편지 속에서 나는 사감 선생님한테 걸린 다음부터 독일어로 글을 쓰지 못하게 되었다며 불평하고 있었다. 아버지는 처음에는 독일어로, 나중에는 나처럼 영어로 편지를 쓰셨다. 어떤 편지는 내 연구 논문보다도 길었다. 한번은 이런 말을 쓰셨다. "네가 그곳을 좋아하지 않는다니 미안하면서도 안타깝다. 살다 보면 힘든 시기는 늘 찾아오기 마련이지만 그래도 나중에는 취미로 돌아오게 되던데, 혹시 운동을 해보면 어떻겠니?"

1956년 4월 9일에 어머니에게 보낸 편지를 펴보았다. 굿월에서 보낸 지 4년째 되던 해였다. 당시 나는 독일어로 편지를 썼는데, 드디어 칼을 고쳤고("고쳤고"는 영어로 썼다. 당시 나는 두 언어를 섞어 사용했다) 끝이 날카로워져서 예전처럼 던질 수 있게 되었다는 이야기로 운을 뗐다. 그때 나는 사람의 인격 발달단계 중 '황무지 미국의 개척자' 시점에 있었다. 편지에서 나는 어머니에게 이제 막 눈이 녹았고 지빠귀, 녹색 제비, 멧종다리, 까마귀에 이어 물떼새까지 돌아왔다는 이야기도 전했다. 그러면서 지난해 가을에 나무의 벌집으로 들여보낸 내 벌들이 겨울을 잘 보냈다는 걸 간접적으로 알게 되었다고 했는데, 목요일에 그 근처에 갔다가 뒤통수를 쏘였기 때문이다. 독일어로 쓴 이런 문장도 있었다. "금요일에는 학교에 가지 않고 숲으로 갔어요. 그리고 뛰어다니다가 개울(개울만 영어로 써놨는데, 원래는 독일어로 "bach"라 써야 했다)에 빠졌어요." 홀딱 젖은 나는 양지바른 곳을 찾아 벌거벗고 누워 거의 잠이 들었더랬다. 연필로 쓴 내 편지 위에는 어머니가 푸른 잉크로 "베른트가 가출했음"이라 적은 메모가 남아 있었다. 농장에 있는 우리 집까지 갔다는 말은 없었고, 학교에서 도망친 다음 날 곧바로 돌려보냈다고

만 써놓으셨다. 우리 집에서 학교까지는 마라톤 거리보다 조금 더 멀었지만 나는 지치기는커녕 오히려 더 숲을 갈망했다. 우리 농장은 거기서 약 20킬로미터 떨어진 끝없는 숲에 점찍어둔 최종 정착지(지금 나는 전기도 들어오지 않는 이곳에서 지내고 있고 그전에도 40년 동안 가끔씩 왔다 갔다 했다)까지 가는 길에 그저 잠시 머물려고 마련해둔 곳에 불과했다. 숲속에 손수 통나무집을 짓고 개척자들처럼 땅을 일구어 먹고 사는 삶은 학교에서 가르친 것이었고, 지금까지도 내가 배운 것 중 가장 멋지다. 그러나 그때는 모든 게 그저 꿈일 뿐이었다.

그 무렵 나는 야구, 테니스, 수영, 스키, 애벌레 키우기, 새 둥지 찾기 등 취미가 많았다. 학교에는 따로 육상 트랙이 없었지만 자갈 구덩이에서 멀리뛰기 연습을 했다. 또 밧줄이 매달린 큰 단풍나무가 있었는데, 나를 비롯한 사내 녀석들은 거기에서 나무를 타거나 칼 던지기 연습을 하며 놀았다.

고등학교에 가서야 마지막 2년간 정식으로 달리기에 몰입하기 시작했다. 달리기는 인간이란 종의 가장 강렬하고 보편적인 행위다. 그 흔적은 가장 가까운 친척인 유인원과 인간 육체 및 정신을 비교한 생물학자라면 누구든 찾을 수 있다. 내가 처음 시도한 스포츠로서의 달리기는 학교에서 제안한 크로스컨트리였다. 우리는 익히 잘 아는 그 숲길을 달리며 경주했다. 사실 나는 우리 가족이 힘겹고 특별한 삶을 살던 다섯 살 시절에 달리기를 시작했고 지금까지 생물학과 달리기를 마음의 고향으로 삼아왔다. 두 번째 100킬로미터 달리기를 기약할 수 없는 지금, 추억과 편지, 소중한 사람들과의 인연, 생물학자이자 과학자로 살아온

내 삶을 주욱 돌아보려고 한다.

80번째 생일을 일주일 앞두고 몬태나주에 사는 한 남성에게 편지를 받았다. 이제 막 마흔둘이 된 그는 만 두 살 때부터 평생 달리기를 해왔고 앞으로도 몸이 허락하는 한 오래오래 달리고 싶다 했다. 하지만 벌써부터 자고 일어나면 몸이 굳어서 아침 달리기는 산책하는 수준이 되어버렸다며 한탄했다. 마침 몇 년 전에 구입한 내 책『우리는 왜 달리는가Why We Run』를 읽고는 자기와 비슷한 나이에 세계신기록을 세운 내가 조언을 해줄지도 모른다는 생각이 들었다고 한다. 이 남성은 자신과 비슷한 나이의 누군가가 자연을 산책하는 것 이상으로 달려도 된다고 권해주길 바라는 것이다. 나는 한창 젊었던 마흔 살부터 줄곧 같은 질문을 들어왔다. 사람들은 도로에서 뛰고 있는 내 옆에 차를 갖다 대고 묻곤 했다. "이봐, 자네 아직도 뛰고 있나?" 나는 이렇게밖에는 대꾸할 말이 없었다. "그러고 싶어서요." 하지만 멈출 수 없는 생체시계 때문에 나도 그저 산책하듯 발을 옮기는 날이 올 것이다. 특히 달리기 같은 행위들은 나이가 들면서 점점 더 힘에 부치고 많은 사람에게 불가능해진다. 하지만 정말 그럴까? 습관과 경험에서 비롯된 선입견이 얼마나 많은 일을 평생 가지 않을 길로 만드는지 알지 않는가.

이 책은 어디까지나 나이 듦에 관한 책이므로 달리기에 대한 조언이나 권고는 하지 않는다. 노년이 되면 선택지는 줄어들고, 선택할 순간이 자주 오지도 않으며 올바른 선택을 할 시간도 얼마 없다. 그래서 생체시계의 지시에 순응한 선택이라면 어차피 뻔한 경주 결과에 목을 매느니 닥친 일을 받아들이고 남겨진 시간을 최대한 활용하는 데에 초점을 맞추게 된다. 변명처럼 들릴지도 모르지만 최대한 활용한다는 건 성취해야 한다는 당위가 아닌, 성취했고 또 성취할 수 있는 것에 보다 현실적으로 임하는 것이다.

인생이란 하나의 여정이며 아직 가지 않은 길을 너무 앞서서 일일이 계획하다 보면 오히려 막다른 길에 도달하거나 좌절하기 쉽다는 사실을 배웠다. 돌이켜 보면 처참하기 그지없던 상황이 예상치 못한 절호의 기회로 마법처럼 연결되기도 했다. 물론 피할 수 없는 것도 있다. 시간이 우리에게 하는 일은 한 가지다. 모든 생명체는 시간의 흐름에 맞춰 적응해야 한다. 이 사실은 달리기에서 유독 두드러지고 인간의 생물학적 의미와 메커니즘에 깊이 뿌리내리고 있다. 살다 보면 포기해야 할 것도, 더 힘을 기울여야 할 것도 있다. 그게 무엇이며 둘의 차이점은 무엇일까?

1

생체시계의 신비로움

The Biological Clock

세상에서 시간보다 중요한 건 없는 것 같다. 모두가 삶에 영향을 미치는 생체시계를 몸속에 지니고 있지만 그 시계가 몇 시를 가리키는지는 알지 못한다. 우리는 시간이 사물이나 사건으로 존재하지 않고 사건과 사건 사이의 무엇으로만 존재한다는 걸 아주 잘 알고 있다. 이 사실은 물리학자들이 꾸준히 곱씹는 주제이고 구약성경 「전도서」의 유명한 구절로 잘 묘사되어 있다. "하늘 아래 모든 것에는 시기가 있고 모든 일에는 때가 있다. 태어날 때가 있고 죽을 때가 있으며 심을 때가 있고 심은 것을 뽑을 때가 있다. 죽일 때가 있고 고칠 때가 있으며 부술 때가 있고 지을 때가 있다."

생체시계는 그다지 정밀하지 않다. 시계를 조절하는 유전자가 있고 우리는 이 시계가 하는 일을 눈으로 확인하기도 하지만, 작동 원리는 아직 모른다. 이 시계에 대해서는 아마 오스트리아 양봉가이자 생물학자인 카를 폰 프리슈가 맨 처음 벌과 꽃으로 가장 생생하게 보여주었을 것이다. 1950년대에 프리슈는 꿀벌이 동료 꿀벌에게 질 좋은 먹이가 있는 곳까지의 거리와 방향 정보를 전달하는 방법을 증명했다. 나는 이 아름답고 훌륭한 실험에 탄복했다. 실험 내용과 결과는 굉장히 간단하고 명료해서 아버지가 열여섯 살 생일 선물로 프리슈의 얇은 책 『춤추는 벌: 꿀벌의 삶과 감각 이야기The Dancing Bees: An Account of the Life and Senses of the Honey Bee』를 주셨을 때 읽고 바로 이해할 수 있었다. 아버지는 책에 내 이름을 새긴 뒤 독일어로 "1956년 크리스마스, 아버지가 양봉가에게"라고 쓰셨다. 내가 4년이나 바쳐온 열정을 인정해주신 셈이다. 그러나 프리슈로 이 책을 시작하는 이유는 그의 꿀벌 연구에서 원래 예상하지 못했고 잘 언급되지도 않는 두 번째 발견 때문이다. 바로 꿀벌의 생체시계다.

벌의 생체시계는 약 24시간 주기로 돌아간다. 프리슈는 야외에서 벌에게 설탕물을 먹이면 단물을 제공한 곳으로 정확히 찾아오는 건 물론이고, 평균 15분 이내의 오차로 같은 시간에 돌아온다는 것을 알게 되었다. 하지만 그것만으로 벌이 시계를 볼 줄 안다는 결론을 내릴 수는 없었다. 그러나 프리슈가 벌들의 춤(사실은 메시지를 전달하는 신호지만)을 관찰하고 그 춤이 가리키는 먹이까지의 방향과 거리 정보를 해독하면서 증거가 드러났다. 각각의 동작은 멀리 있는 먹이까지 신참을 안내하기 위해 어두운 벌집 속 수직 방에서 수행되는 상징적인 비행 암호였다. 이 춤은 지켜보는 벌에게 먹이가 있는 방향을 알려주는데, 이때 정보는 태양 위치에 따른 벌집의 각도로 나타난다. 물론 각도는 태양이 이동하면서 매시간 15도씩 변한다. 만약 벌이 여러 시간에 걸쳐 먹이의 위치를 알리는, 또는 이사 중에 새로운 집의 위치를 알리는 상황이라면, 어두운 벌집 속 수직의 방에서 춤추는 벌의 각도는 태양운동에 따라 달라진다. 마찬가지로 정보를 받는 입장에서도 춤을 확인하고 한참 뒤에 출발했다면 그 사이 태양이 이동한 거리까지를 감안해 움직인다. 즉 벌들의 교신에는 태양 위치에 따라 시간을 판단하는 과정이 포함된다는 뜻이다. 직접 태양을 보고 있든, 벌집 속에 있어서 볼 수 없든 간에 말이다.

약 24시간 주기로 돌아가는 생체시계로 시간을 추적하는 행위는 하루주기시계circadian clock('circa'는 '대략'이라는 뜻이고 'dian'은 '낮'이라는 뜻이다)라고 불리는 장치에 따라 움직이는 생명체의 일반적인 능력으로 알려졌다. 인간이 정확한 기계식 시계를 발명한 것은 대항해시대 초기로 거슬러 올라간다. 당시 장거리 항해를 하기 위해서는 꿀벌처럼 고정된 무언가를 기준으로 정확한 시간을 측정해야 했다. 밤에는 별의 위치로 방향을 찾았는데 북반구에서는 북극성 주위로 도는 별을 보고(북극성은 지구의 자전축 위에 있기 때문에 고정된 것처럼 보인다), 남반구에서는 북극성이 보이지 않지만 주위의 다른 별이나 별자리의 위치와 움직임을 보고 방향을 가늠했다.

우리는 태양 아래 모든 것에는 때가 있다는 「전도서」 구절을 잘 알고 있지만, 최근까지도 태양과 별의 위치로 하루의 시간을 추측하고 날씨로 계절을 예측해 그에 맞춰 활동을 조정하는 능력을 당연하게 생각했다. 지구의 다른 생명체도 시간 감각을 필요로 하고 일상적으로 활용한다는 사실을 딱히 생각해본 적이 없었다는 말이다. 이제는 모든 동식물에게 시간 감각이 존재하며 그 감각이 모든 생명현상을 지휘한다는 사실이 밝혀졌다. 우리는 삶을 조절하고, 어쩌면 노화 속도와 수명까지 관장하는 생체시계를 장착하고 있는 것이다.

매해 여름이면 우리 집 창문 앞에 치커리 다발이 올라온다. 치커리는 국화과의 키가 큰 식물로, 7월부터 시작해 여름내 세 달이 넘게 미국지빠귀 알처럼 아름다운 푸른색 꽃을 피운다. 개화가 절정인 시기에도 날이 밝기 전에는 한 송이도 보이지 않다가 태양이 뜨고 한 시간이 지나면 수백 송이가 만발한다. 그러다 저녁이 되면 모두 꽃잎을 닫는다. 이런 주기가 빛이나 온도 때문에 일어난다고 생각하는 사람도 있을 것이다. 아침의 햇빛이나 온기가 꽃잎을 열게 하고 저녁의 서늘함과 어둠이 꽃잎을 닫게 만든다고 말이다. 그러나 나는 간단한 실험으로 이것이 일부만 사실임을 증명했다. 나는 꽃잎이 열린 꽃을 정오에 캐다가 따뜻한 집 안의 어두운 곳에 옮겨두었다. 내내 열려 있던 꽃잎은 저녁 시간이 되자 원래대로 꽃잎을 닫았다. 이후 계속 어둠 속에 두었는데 아침이 되자 온기나 빛을 받지 않고도 평소와 같은 시간에 꽃을 피웠다. 이 실험을 통해 벌처럼 꽃에도 24시간 주기에 맞춰 돌아가는 생체시계가 내부에 장착되어 있다는 걸 알 수 있었다.

하루주기시계는 꽃이 죽는 시기도 결정한다. 꽃은 밤이 되면 선명한 파란색에서 연한 갈색으로 변하면서 시들해지다가 다음 날 아침이면 죽는다. 그리고 같은 꽃대에 있는 다른 꽃눈이 개화해 하루짜리 삶을 산다. 치커리는 수백 가지 국화과 식물 중 하나일 뿐이다. 다른 식물은 전혀 딴판인 일정으로 산다. 예를 들어 치커리 옆에 피는 흰 데이지나 근처 정원의 해바라기는 밤낮을 가리지 않고 몇 주 동안 꽃을 피우며 또 어떤 난꽃은 몇 달씩 싱싱하다.

한 식물에서도 꽃이 아닌 다른 부위는 죽음과 부활의 일정이 훨씬 길다. 치커리 줄기는 여름내 살아 있다. 꽃이 모두 피었다가 지고 수분이 되어 씨를 맺을 정도로 긴 시간이다. 그런 다음 가을이 되면 줄기 전체가 시들어 죽고 겨울을 나며 쓰러진다. 그러나 땅속 뿌리는 살아 있다가 봄이 되면 새로운 줄기를 올려 보낸다. 따라서 식물의 생활사는 꽃의 하루에서 잎과 줄기의 한 철, 뿌리의 수년, 씨앗의 수십 년까지 무척 다양하다. 이집트 무덤에서 발견된 연꽃 씨앗과 영구동토층에 보존된 빙하기의 씨앗이 싹을 틔운 적도 있다. 노화와 죽음의 순서는 식물의 적응 전략 중 일부다. 북쪽 지방에 서식하는 나무의 잎도 마찬가지다. 어떤 나무의 잎은 3개월이면 죽고 떨어지는 반면 어떤 나무의 잎은 몇 년 동안이나 멀쩡히 살아 있다.

2, 3월이 되면 나는 봄을 애타게 기다리며 날씨 예보를 확인한다. 따뜻한 날이 빨리 찾아와 눈이 녹고 개울에 물 흐르는 소리를 들을 수 있길 고대하면서 말이다. 2020년, 우리 집 설강화는 4월 5일에 눈 속에서 올라와 잎과 꽃을 드러냈다. 일주일 뒤에는 사시나무, 오리나무, 뿔개암나무가 개화했다. 6주가 지난 뒤에도 설강화는 여전히 살아서 꽃을 피웠고, 참꽃단풍이 개화하기 시작했다. 뒤를 이어 채진목, 사과나무,

블루베리가 꽃을 피웠다. 5월과 6월에는 참피나무, 7월에는 미역취, 9월에서 10월 중순에는 숙근아스타의 밝은 보라색 꽃잎이 피어났다.

대부분의 식물종은 짧은 기간만 꽃이 피며 이웃하는 개체와 개화기가 일치한다. 그 덕분에 식물 사이에서 벌을 비롯한 수분 매개자의 활동으로 짝짓기가 일어난다(주로 한 번에 한 종만 찾아가는 습성 덕분이다). 벌, 나방, 벌새 같은 짝짓기 대리인을 차지하기 위한 경쟁 속에서 식물종이 시차를 두고 특정 순서대로 개화하는 특성은 수분 매개자의 충성도를 유도해 번식을 촉진한다. 물론 이것은 식물의 개화 시기는 물론이고 꽃의 형태, 보상, 색깔, 냄새 등 유성생식의 보조 역할을 하는 도발적인 특징이 차별화되도록 진화한 것과는 또 다른 특성이다.

나무, 벌, 새, 인간은 지구에서 하루 주기뿐만 아니라 일 년 주기를 따르도록 진화했는데, 일 년 주기는 태양 주위를 공전하는 지구의 기울기와 관련이 있다. 독일 조류학자 에버하르트 그비너는 이 장기적인 주기도 생체시계에 의해 관리된다는 사실을 처음 발견한 사람 중 하나다. 그비너는 1970년대에 8년 동안이나 일정한 기온과 광주기(14시간은 밝고 10시간은 어두운)를 유지한 조건에서 유럽찌르레기를 길렀다. 이 새들은 야생 새들이 받는 계절 신호 없이도 매년 거의 같은 시기에 깃털을 갈고 번식을 준비하는 생리현상을 보였다. 이 주기는 하루주기리듬과 대조적으로 일년주기리듬 혹은 연주年週 리듬이라 부른다. 일년주기리듬은 하루주기리듬의 생리적 하위 과정으로 여겨진다. 낮 길이와 기온 변화를 측정해 계절을 파악하고, 시계에 시간을 맞추듯 계절 순환에 맞춰 일 년 단위의 반응이 일어나게 하기 때문이다. 동물은 짝짓기

철이 따로 있다. 새끼가 태어났을 때 생장에 필요한 먹이를 쉽게 얻을 수 있도록 주로 식량이 가장 풍부한 계절에 번식한다. 식량을 구하는 건 식물들의 일정에 따라 결정된다. 계절 변화에 적응하기 위해 동물은 식량을 비축하고, 얼지 않는 물질을 생산하고, 보온 기능을 강화하고, 이주하거나 동면하는 등 장기적인 준비를 해야 한다.

이처럼 일 년 주기를 따르는 장기적인 행동과 생리현상은 철새가 이동하는 패턴, 번식행동과 생리, 땅다람쥐 같은 포유류의 동면에서 관찰되었다. 일정한 기온, 12시간씩의 낮과 밤이 유지되는 인공적인 환경에서도 땅다람쥐는 거의 12개월마다 동면에 들어갔다. 자연 서식지에서 이 주기는 평균적인 수치일 뿐 정확히 12개월은 아니다. 그러나 낮의 길이나 기온의 계절 패턴에 의해 기간이 대략 맞춰지는데, 이는 기온은 물론이고 하루주기시계가 일년주기시계를 재설정한다는 뜻이다. 하루주기시계가 측정하는 낮의 길이는 곧 일년주기시계를 실제 시간의 일정에 맞추게 하는 신호다.

일년주기리듬에 맞춰 행동하기는 까다롭다. 기온 같은 환경 신호가 그 리듬을 압도하기 때문이다. 나는 그걸 이곳 메인주에서 매년 가을이면 느끼는데, 낮이 짧아지면 송장개구리와 스프링피퍼청개구리의 일종─옮긴이가 동면에서 깨어난 것처럼 짧게 울기 시작한다. 송장개구리는 가을이면 알을 준비한 다음 겨우내 배 안의 차가운 저장고에 보관하며 눈 속에서 죽은 거나 다름없는 상태로 지낸다. 본격적으로 눈이 녹기 시작하면 서둘러 웅덩이로 뛰어들어 짝짓기 후 알을 낳는다. 다른 동물들의 신호도 똑같거나 좀 더 중요하다. 예를 들어 적절한 광주기가 주어지면 비둘기는 언제든 번식할 수 있다. 하지만 실험실에서 확인된 것처럼 이성이 구애를 하거나 둥지 재료를 찾았을 때만 생리적, 행동적으로 반응한다. 이와 비슷하게 개구리는 가을에 기온이 떨어지자마자 번식 반응을 빠르게 멈추고 동면에 들어갈 채비를 한다.

우리는 인간의 일 년 주기에 관해서 아는 게 많지 않다. 이 주기를 시험해보겠다고 철저히 통제된 환경에서 몇 년씩이나 자원해서 생활할 사람은 없을 테고, 지원자가 있다 한들 측정할 변수도 마땅치 않기 때문이다. 글쎄, 반동면 상태나 달리기에 대한 열정을 측정해보는 건 어떨까? 나도 겨울이 되면 뛰는 게 너무 싫다. 일년주기시계 때문이라기보다는 밖에 쌓인 눈 때문에 귀찮은 이유가 크다. 따뜻하고 화창한 날이면 기꺼이 나가겠지만 그랬다가도 다음 날 눈발이 날리면 아마 다시 집에 틀어박힐 것이다. 이런 행동은 북쪽 지방의 곰처럼 식량이 귀할 때 그저 꼼짝 않고 있으면서 에너지를 절약하는 게 최고였던 길고 긴 홍적세의 겨울에서 살아남은 구석기시대 인류의 잔재일 수도 있겠다는 생각이 든다.

그러나 하루주기활동과 마찬가지로 동물이 이동, 생장, 동면, 번식하는 일 년 주기는 미래를 준비하는 데 큰 도움이 된다. 단기적인 관점에서 자연은 변덕스럽기 짝이 없으므로 유연성은 필수다. 프로그램에 지나치게 얽매이면 치명적인 결과를 맞이하거나 기회를 놓칠 수도 있다. 적절한 균형과 유연성은 자연선택의 산물이다. 거기에는 며칠에서 몇 년, 수십 년에서 최대 수백 년까지 대단히 다양하지만 종에 따라 확연히 구분되는 동물의 수명도 포함된다.

2

수명과 노화의 비밀

*Life Span
and Aging*

야생에서 검정파리의 평균 수명은 1~2주 정도고, 생쥐는 1년, 아시아코끼리는 50년, 아프리카코끼리는 70년, 인간은 아마도 80년이 넘지 않을 것이다. 대개 움직임이 활발한 유기체일수록 수명이 짧기 때문에 장수 생물 목록의 꼭대기에는 나무가 올라간다. 캘리포니아에 서식하는 브리슬콘소나무 므두셀라는 수령이 4850년이며, 1만 3000년 된 참나무처럼 더 나이 든 나무도 있다. 그러나 현재 내가 사는 숲에 있는 나무는 대부분 수령이 1~2년도 채 못 되고, 평균을 내면 종의 평균 수명은 일 년 미만이 되고 만다. 수십만 그루의 어린나무 중에서 운 좋은 딱 한 그루만 햇빛을 받아 묘목 단계 이후까지 살아남기 때문이다. 어미나무가 드리운 그늘 아래에서도 용케 빛에 도달하고 나면 수명은 엄청나게 길어진다. 그러나 최대 수명은 나무가 숲의 상층부 전문종인지 하층부 전문종인지에 따라 매우 다르다. 생장 속도로 따지면 후자가 일반적으로 더 빨리 자라지만 대개 짧은 햇수만 살고 노화하며, 결국 미래의 기회를 엿보면서 시간과 변덕스러운 운명을 이용해 적은 빛으로 끝까지 버틴 나무들에게 추월당한다.

내가 사는 숲에 자라는 펜실베이니아벚나무는 고작 20년밖에 살지 못하지만 설탕단풍나무는 200년도 넘게 산다. 펜실베이니아벚나무는 숲속 공터에 여러 그루가 모여 자라는데 세로티나벚나무, 설탕단풍나무, 너도밤나무, 물푸레나무, 참나무가 하늘을 가리기 전에 얼른 커서 종자를 만들어야 한다. 온대 지역의 수종 대부분이 생체시계를 통해 해마다 나뭇잎이 시들어 죽는 과정을 조절한다. 나무와 달리 동물은 춥거나 영양분이 부족한 환경에서 아주 느리게 생장하는 소수를 제외하면 생의 대부분을 대단히 활동적으로 살아간다. 지금까지 발견된 가장 나이 많은 동물은 하프룬Hafrun이라고 불리는 백합 조개Arctica islandica로, 2006년 507세라는 고령에 아이슬란드 해안에서 건져 올려졌다. 껍데기에 새겨진 생장 고리를 세어보니 1499년에 태어난 개체였다(그러나 나이를 밝히느라 죽고 말았다). 느린 움직임으로 잘 알려진 다른 동물로는 변온동물인 거북이 있는데, 지금까지 알려진 살아 있는 최고령 거북은 조너선이라는 갈라파고스땅거북으로, 2022년 현재 190세다. 하프룬도 그렇지만 조너선도 주기적으로 달리거나 운동을 해서 저 나이까지 살게 된 건 아니다. 우리 중에는 건강하게 오래 살려고 운동을 하는 사람이 많다. 병에 걸리지 않고 건강하다면 당연히 오래 살 것이다.

그러나 내 경우에 달리기가 삶의 질을 높여주긴 했어도 노화를 막지는 못했다.

많은 사람이 평생 뛸 심박수가 정해져 있다고 생각해서 스트레스로 몸이 소진될까 봐 뛰지 않는다. 17년 매미가 땅속에서 거의 부동 상태로 정확히 17년을 채운 다음 지상에 나와 남은 몇 주 동안 힘차게 노래하며 날아다니는 것처럼 말이다. 원래 1분당 34번 뛰는 내 심장 박동은 달릴 때 150번까지 껑충 뛴다. 청소년기에는 너무 많이 뛰어 아버지가 걱정하실 정도였다. 하지만 이후로도 달리기를 쉰 적은 별로 없다. 뛰는 양은 매번 달랐지만 몸을 유지하기 위해 거의 매일 뛰었다. 달리기는 내 삶에 몇 해를 보탰다기보다 내게 주어진 시간에 삶을 보태주었다. 어느 쪽이든 노화는 피할 수 없고 지금까지 뭇 동물과 식물로 충분히 증명되었듯 수명은 종마다 다르다.

온대 지역에서는 식물뿐만 아니라 송장개구리, 스프링피퍼, 일부 곤충까지도 생체시계가 생리 변화와 행동을 촉발해 꽁꽁 언 빈사 상태로 살아남도록 준비시킨다. 반면 다른 곤충은 겨울이 되면 성체는 다 죽고 알, 유충, 번데기만 남는다. 대부분의 말벌이나 벌은 가을이면 수컷이 모두 죽고 암컷만 동면에 들어간 뒤, 반년 후에 깨어나서 지난해만큼이나 생기 있게 삶을 재개한다. 뒤영벌 같은 사회적인 수컷 벌과 불임인 암컷 일벌은 겨우 일 년밖에 살지 못한다. 알을 낳는 여왕벌은 여러 해를, 여왕 흰개미는 수십 년을 산다. 많은 동물이 동면으로 인한 빈사 상태에서 다시 살아나며 동면 과정은 생리적으로 조절된다. 이는 생체시계의 시간을 따르는 적응 과정이며 인간도 예외는 아니다.

겨울이 되면 많은 사람이 우울해한다. 낮이 짧아지면서 달라진 광주기 때문이거나 한물간 과거의 적응형질로 흔적을 남긴 다른 환경요인 때문에 그럴 것이다. 겨울철 무기력증에 어떤 이점이 있는지 아직 밝혀진 바는 없지만 나는 과거, 특히 빙하기 기후에 적응한 네안데르탈인에게 유리했을 것 같다는 생각이 든다. 호모 사피엔스는 아프리카에서 나와 빙하가 퇴각한 후에야 북쪽으로 퍼져나갔다. 최근 유전적 증거에 따르면 네안데르탈인과 현생인류 사이에서 이종교배가 일어났고, 그 결과 많은 사람이 네안데르탈인의 DNA를 갖게 되었다고 한다. 사람은 봄이 되면 저에너지 시기에서 깨어난 것처럼 활력이 넘치고 기분이 들뜬다. 전체 인구의 3퍼센트가 계절성 정서장애를 겪는데 해마다 거의 같은 시점에 시작해 같은 시기에 끝난다. 논리적으로 생각했을 때 한동안 온종일 꼼짝하지 않고 잠만 자면 나을 것 같지만, 겨울철 우울증의 공식적인 치료법은 행동이 아닌 환경을 바꾸는 것이다. 다시 말해 빛에 노출되는 시간, 즉 명기明期를 늘리는 것이다. 빛은 동물 대부분이 한해의 활동과 동면 리듬을 조절할 때 사용하는 신호다. 겨울잠을 자러 가는 북극땅다람쥐와 북극곰의 기분이 어떤지는 모르겠지만, 그리도 오래 잠을 자는 걸 보면 생존에 필수적인 기능으로서 계절 장애가 심해짐을 알 수 있다.

동면은 임상적 사망호흡, 순환, 두뇌 기능이 정지된 상태. 혈액순환이 회복되면 살아날 가능성이 있다—옮긴이에 이를 수도 있는 생리적 상태다. 또 먹이 상황을 좌우하는 지리적 환경에 따라 양상이 다르다. 북쪽 지방의 곰은 가을이 되면 살을 찌우고 늘어지면서 동면에 들어가는 반면 남쪽

지방의 곰은 여전히 팔팔하다. 또 북아메리카 북부 지역에서 다람쥐와 그라운드호그는 동면하고 회색다람쥐와 날다람쥐는 동면하지 않는다. 청설모는 날씨가 좋지 않으면 땅속에 들어가 저장된 먹이를 먹으며 며칠씩 지낸다. 하지만 무기력한 수준에도 등급이 있다. 사슴쥐는 둥지에 머물며 날씨가 너무 추워지면 서로 꼭 붙어 체온을 낮춘다. 북극땅다람쥐는 기온이 많이 내려가면 임상적으로 죽은 상태가 된다. 심장박동이 거의 감지되지 않고 몸을 움직이지 않으며 체온은 물의 어는점 정도로 내려간다. 한발 더 나아가 북쪽 지방의 일부 개구리는 몸이 아예 꽁꽁 얼어버린다. 녹으면 다시 살아난다는 점만 빼면 죽은 것이나 다름없다. 동면하는 동물 중 일부는 세포손상을 막기 위해 글리세롤이나 포도당을 사용한다. 이런 물질로 몸을 채워 세포 파괴를 예방하는 송장개구리의 능력이 있다면 우리도 이론적으로는 냉동 상태가 되었다가 다시 살아날 수 있다. 물론 현재도 신체 장기를 대체해 생명을 지속시키는 것은 가능하긴 하다. 한편 많은 곤충이 주기적으로 몸 전체를 냉동했다가 해동한다. 캐나다 북극 지역의 어떤 곤충은 매년 겨울이면 몸이 완전히 얼었다가 봄이면 녹고, 여름 일주일 동안 활발히 활동하면서 생장해 거의 10년째가 되어서야 번데기 상태에 도달한다. 그 사이에 이 곤충은 살아 있는 걸까 죽은 걸까? 과학이 제시하는 정답은 없다. 생명의 시작과 끝은 생물학이 아닌 철학의 문제일 때가 있다.

자동차 사고를 당했을 때처럼 갑자기 혼절한 후 얼음물에 빠진 사람은 소생할 수 있다. 정신을 잃어 몸부림치지 않는 상태로 얼음물 속에서 즉시 냉각되면 뇌의 대사가 정지하는데, 그러면 심장이 멈추므로 영양소가 공급되지 않아도 문제가 없다. 뇌세포에 연료가 고갈되지 않았으므로 연료를 필요로 하는 대사 과정이 나중에라도 재개될 수 있다. 그런 상태에서는 사람도 동면 중인 그라운드호그나 수십 년간 건조 상태로 있다가 수분이 공급되면 살아나는 깔따구 유충과 같다. 살아 있음을 정의하는 절대적인 상태는 없다. 빵 반죽 안에서 분열하는 효모 세포부터, 매년 가을 캐나다와 메인주에서 멕시코만을 가로질러 멕시코와 남아메리카까지 간 다음 봄이 오면 첫 번째 꽃이 피기도 전에 북쪽의 집으로 돌아와 노랑배즙빨기딱따구리가 설탕단풍나무에서 뽑아놓은 수액을 먹는 벌새까지, 삶은 다양하다.

보통 커다란 몸은 구조와 작용이 너무 복잡해 건강한 상태일 때 인위적으로 유도한 죽음에서 부활하지 못한다. 다만 사체의 일부 장기를 제거한 다음 식물 접붙이기하듯 이식한다면 다시 살게 만들 수는 있다. 그렇지만 우리 혈액에서, 상처 부위에서, 장이나 피부에서 진행되는 세포 교체 중에는 그 나름대로 재생이란 것이 일어난다. 거미, 게, 도마뱀, 문어 같은 일부 동물은 포식자에게서 도망치는 수단으로 사지를 떼어낸다. 그러면 포식자에게 잡히더라도 다리나 꼬리만 남기고 몸의 나머지 부분은 도망갈 수 있다. 이런 적응 행동은 잃어버린 부위를 복제하는 능력을 동반한다. 도롱뇽이나 도마뱀은 눈의 망막과 수정체, 심장, 척수와 턱을 포함해 잃어버린 부위를 재생하는 능력이 유독 뛰어나다. 심지어 몇 번이고 재생할 수 있으므로 적어도 이론적으로 이런 동물은 신체 부위를 계속 새것으로 바꿔가며 영원히 살 수 있다.

사지를 재생하는 포유류는 없지만 우리도 상처를 치유하고 근육, 뼈,

피부, 혈구 세포, 뇌 조직 등을 다시 자라게 할 수는 있다. 사고로 손가락이나 손이 잘려도 빨리 의사에게 가져가면 원래대로 붙일 수 있다. 그러나 내부의 미세한 손상은 외과적으로는 복구가 불가능하고 자체적인 치유 능력으로만 재생시킬 수 있다. 늙는다는 건 세포 차원에서 상처가 서서히 쌓여 우리가 노화라고 일컫는 신체 저하가 일어나는 과정이다. 결과적으로 성체는 종마다 사전에 결정된 시간까지 아주 천천히 죽어간다. 이 과정은 DNA와 적응이 개입된 분자생물학의 영역이다. 오랫동안 노화는 대사율에 따라 결정된다고 생각되었다. 일반적으로 수명이 더 긴 대형동물이 소형동물보다 대사율이 더 낮다는 이론에서 추론된 가설이다.

날면서 엄청난 양의 에너지를 소비하는 대부분의 곤충 성체는 며칠밖에 살지 못한다. 반면 상대적으로 에너지 소비량이 미미한 유충 단계는 여러 해 연장될 수 있다. 쥐나 작은 새들은 인간이나 대형 포유류, 큰 새보다 대사율이 높으며 성적으로 빨리 성숙한다. 그러나 그 정도의 높은 대사율은 큰 동물의 경우에도 운동이나 스트레스로 발생할 수 있으며, 몸집이 크든 작든 노화 속도를 높인다는 것이다. 이 모델은 연구자 한스 셀리에의 이름을 따서 셀리에증후군이라고도 불리는 일반적응증후군General Adaptation Syndrome 실험에 의해 알려졌다. 이 실험에서는 피실험동물을 강제적으로 뛰게 하거나 추위에 노출시켜 열을 생성하게 만들어서 대사율을 높이는 방식으로 자율적인 경계 반응을 유도했다. 물론 동면처럼 신체 기능을 둔화시키면 대사율이 크게 감소하고 일부 소형 포유류가 수명을 두 배로 늘릴 수도 있다는 사실은 잘 알려져 있다. 단식(양껏 먹을 때보다 먹이를 덜 주는 것)도 대사율을 낮추고 수명을 늘린다. 그 예로 거북은 적게 먹고 천천히 움직이고 심장이 느리게 뛰며 오래 산다. 이건 마음을 편히 가지라는 메시지와도 같다. 스트레스를 받거나 심장이 크게 펌프질하게 만들지 말라는 것이다. 그러지 않으면 대사율과 심박수가 높은 작은 동물처럼 일찍 죽을 테니까. 당신의 심박수는 정해져 있으니 아껴 사용해 오래 사시기를.

만약 저 말이 사실이라면 나처럼 주기적으로 수 킬로미터씩 달리는 사람들은 매우 불리하지만, 평소 소파와 한 몸이 되어 지내는 이들에게는 아주 반가운 소식일 터다. 아버지가 내 달리기를 염려했던 이유도 이것이다. 아버지는 소싯적에 본인이 뜀박질 좀 했노라고 자랑삼아 말씀하셨지만 나이가 들면서는 뛰는 일을 일부러 피하셨고, 결국 여든 여덟까지 살다 가셨다.

신체의 생리를 내분비계와 삶의 속도, 즉 에너지 소비율과 연결하는 셀리에증후군은 마땅한 근거가 없어 보인다. 그러나 음식 섭취는 수명과 상관관계가 있다. 먹이 섭취를 제한한 생쥐와 생물은 더 오래 살기 때문이다. 그러나 강제적인 먹이 제한이 수명을 늘린다는 결론은 여전히 의심스럽다. 왜냐하면 실험용 동물을 대상으로 한 이 실험은 우리에 갇힌 채로 전혀 운동할 수 없고 오로지 먹기밖에 할 수 없는 상황에서 이루어졌기 때문이다. 잉여 칼로리를 섭취한다는 건 단지 더 빨리 자라 더 빨리 성숙해지는 바람에 수명이 짧아진다는 뜻이다.

셀리에증후군에 대한 과거의 해석과 달리 약간의 스트레스 요인은 노화 속도를 낮추고 수명을 늘린다는 증거가 지난 반세기 동안 많이 축적되었다. 여기서 스트레스란 가벼운 조사照射, 고중력, 추위, 열, 음식 제한, 운동을 포함해 넓은 범위를 일컫는다. 수명을 줄이는 스트레스는 회복할 기회를 주지 않은 채 압박 요인이 장시간 높게 유지되는 상태를 말한다.

노화는 어떻게 DNA에 의해 정해지고 그 지시를 따르는 것일까? 사물의 작동 원리를 알아내는 방법 중에는 변화를 주고 정상일 때와 어떻게 달라지는지를 보는 접근 방식이 있다. 유전물질과 관련한 이런 큰 변화의 한 예가 선천성 조로증, 즉 조기 노화가 일어나는 유전병이다. 선천성 조로증 환자는 10세 무렵부터 생물학적으로 늙기 시작해 일반적인 노화의 특징을 모두 나타내고 결국 10대 중반이나 20대 초반에 노병으로 사망한다.

DNA는 염색체 형태로 존재하는데, 염색체 말단의 텔로미어(말단소립)라는 마개 구조가 염색체를 비활성화하는 제동 장치가 된다. 이 비활성화는 무척 중요한 과정인데, 세포분열이 적당한 시점에 멈추지 않으면 암세포처럼 세포가 무한히 증식하기 때문이다. 특정 유전자가 발현되지 못하게 막는 것은 굉장히 중요하다. 텔로미어는 염색체가 유전자 발현에 쓰일 때까지 포장된 상태로 유지하는 역할을 한다. 정상적인 노화 과정에서는 이 텔로미어가 소실되거나 손상된다. 텔로미어가 짧아지는 것은 노화와 연관이 있으며 병적 이상을 일으키기도 한다. 그러나 텔로머레이스(말단소체복원효소)라는 효소가 텔로미어를 원래 길이로 복원시키고 DNA가 풀리는 것을 막는다. 텔로머레이스는 관문을 조절하여 세포 DNA로의 접근을 허용하고 세포를 젊어지게 하는데,

이는 피부 재생이나 상처 회복에 필요한 과정이다. 세포가 처한 구체적인 환경이 텔로머레이스에 영향을 주어 상황에 맞게 작용하도록 한다. 예를 들어 도마뱀은 꼬리가 잘리면 유년기 상태로 돌아가 새로 꼬리를 만들라는 자극을 받는다. 마찬가지로 도롱뇽의 다리를 자르면 새 다리가 자란다. 자연선택이 도마뱀과 도롱뇽에게 가한 압력으로 생성된 시그널에 특정 신호가 반응하여 DNA를 활성화하는 것이다. 예를 들어 도마뱀에게는 꼬리가 있어야 하지만 포식자에게 꼬리를 붙잡혔을 때는 몸이 통째로 먹히는 대신 꼬리만 줘버리는 게 더 낫기 때문에 꼬리를 잃는 쪽에 강력한 선택압이 작용한다. 가을이면 나무에서 낙엽이 지는 것도 비슷한 맥락이다. 도마뱀 꼬리처럼 나뭇잎에는 중요한 생물학적 기능이 있지만, 눈이 무겁게 쌓여 나무가 피해를 보거나 죽을 수 있다면 차라리 나뭇잎을 떨어내고 봄에 새로운 잎으로 대체하는 편이 낫다.

몸의 일부를 버리거나 유지하는 데에도 저울질이 필요하다. 나무의 경우, 가장 먼저 색이 변해 떨어지는 잎은 더 이상 공기 중의 탄소를 포획할 수 없어 일하지 못하게 된 가장 약한 잎이다. 환경이 주는 화학 신호로는 풍요로운 시기에 흰개미 여왕의 난소가 계속해서 알을 낳다가 먹이가 없는 겨울에는 생산을 중단하는 예가 있다. 이와 비슷한 이유로 운동은 중요하다. 도롱뇽의 다리나 도마뱀의 꼬리에 기능이 있듯이 운동에도 우리가 몸을 제때 수리해 현 상태를 유지하고 노화를 늦추는 모종의 기능이 있을지도 모른다. 그렇다면 예컨대 누군가는 다리 근육을 새로 만들지는 못해도 강화하고 재건하는 선택압을 예상할 것이다. 그러나 이게 사실이라면(사실로 증명된 것 같기는 하지만) 분자적인 수준에서 노화와 어떤 관련이 있는 것일까? 짧게 말하면 아직 모른다는 게 답이다. 그러나 이 결론에 도달하기 전에 먼저 세포의 분자 장비를 기계에 비유해 그 개념을 설명해보겠다.

우리 몸은 수십억 개의 작은 조각으로 이루어진 과도하게 복잡한 구조물이다. 수천 개의 벽돌, 석조, 모르타르, 유리를 정확하게 쌓아 올린 대성당을 떠올리면 된다. 몸은 몸을 만들고 유지하기 위해 종종 멀리서 조달되는 식량에 의존한다. 식량이 곧 원재료다. 각종 분자가 조립되는 과정인 생장은 건설 작업에 해당하는데, 필요한 재료가 모두 갖춰지면 작업 속도가 엄청나게 빨라질 것이다. 하지만 건설 장소와 현장 주변에 재료가 산더미처럼 쌓여버리면 작업이 정체된다. 아미노산 A가 분자 B의 정확한 지점에 들어맞아야 하는데 주변에 A부터 Z까지 온갖 부품이 널려 있는 상황을 상상하면 된다. 조립 기능이 방해를 받으면 오류가 일어날 가능성도 커진다. 아미노산을 사용할 때 실수가 있으면 처마 장식에 해당하는 부분이 약해지거나 무사마귀가 생기거나 아니면 제멋대로 자라 통제가 불가능한 암이 될 수도 있다. 반면 식량이 부족하면 전체적인 생산 공정이 느려진다. 단, 작업은 더 질서정연하고 정확하게 진행된다. 공급과잉에 해당하는 과식은 생장 속도를 높여 퇴화의 시점을 앞당기고 수명을 단축한다. 지방 축적같이 자원 저장을 용이하게 하는 유전자는 성인이 되었을 때 비만을 일으킬 수도 있지만, 동면을 준비하는 곰처럼 특정 환경에서는 훌륭한 적응형질이 된다. 운동은 생장과 회춘의 다른 측면인 수리와 보수에 필요한 합성을 자극하는 요소인지도 모르겠다.

근육에 통증을 달고 살던 젊은 선수 시절이 생각난다. 하지만 나이가 들어서는 오히려 통증이 거의 없었다. 근육이 쑤신다는 건 손상이 있다는 뜻이고, 치료를 해야 하니 근육을 쉬게 하라는 몸의 신호다. 근육 파열, 디스크 파열, 힘줄 파열, 양쪽 무릎의 연골 파열 등 세포 수준을 넘어선 상처는 더 심하고 오래갔다. 모두 20대 때 일어난 일이고 지금은 다 완치되었다. 60대에 다시 한번 무릎이 말썽을 일으켰는데, 엑스레이 사진을 확인한 의사가 내 거창한 울트라 마라톤 경력을 듣더니 이제는 무릎이 더 닳지 않게 수영 같은 운동으로 바꾸라고 했다. 그 바람에 몇 개월이나 제대로 달리지 못했다. 그게 20년 전 일이다. 이후 나는 달리기를 그만두지 않으면 어떻게 되느냐는 질문에 "환자분 슬개골을 벗겨다가 쓰레기통에 버리겠습니다"라는 의사의 답변을 듣고도 경기에 나가 기록을 세웠다. 80세 기념 울트라 마라톤에 도전하기 전 검진을 받으려고 병원에 갔을 때 의사가 내 심장소리를 듣고, 한 번 더 듣더니 "어르신 심장은 열여섯 살짜리 운동선수 심장 같네요"라고 말했다. 무릎 상태도 괜찮았다. 평생 뛰어본 적이라고는 없는 내 또래의 친구들은 진작 무릎과 고관절 수술을 받았지만 그저 자기가 운이 아주 나빴기 때문이라고 생각한다. 그러니까 쓰지 않으면 몸이 녹슬지도 모르지만 세상에는 생전 달려본 적 없이 오래오래 건강하게 사는 사람들도 많고, 엄청난 거리를 달리고 젊은 나이에 세상을 뜬 사람들도 있다는 말이다. 하지만 어느 경우든 늙는 것을 피할 수는 없다. 그저 속도가 다를 뿐이다. 그렇긴 해도 나는 분자 수준의 경미한 상처일 때 치유되는 현상이 도마뱀의 꼬리가 다시 자라고 봄이면 나뭇잎이 새로 돋는 것처럼 회춘에 가까운 과정일지도 모르겠다는 생각이 든다.

재생의 길을 여는 이 분자 수준에서의 지엽적인 무질서는 대부분 폭발적으로 발생한다. 나무와 사람에게 가장 큰 무질서는 죽음이 선언된 직후에 찾아온다. 그러나 나는 이것이 실제로는 커다란 재생의 시발점이라고 생각한다. 죽으면 모든 생명체가 다른 식물과 곤충, 새, 포유류가 있는 숲으로 돌아가기 때문이다. 죽은 생명이 찰스 다윈의 그 유명한 생명의 나무로 전환되는 것이다. 생명의 나무는 35억 년 전쯤 스스로 분열하고 번식하는 세포에서 시작했지만, 매번 똑같이 복제한 건 아니었기 때문에 자연선택이라는 선별 과정을 거쳐 진화가 일어났고, 내가 아는 한 그 과정은 영원히 계속될 것이다.

우리는 어른이 되자마자 너무 빨리 소진되는 걸까? 그런지도 모르겠다. 내 나이대의 많은 이가 고관절이나 무릎 때문에 고생하거나 심장 같은 내장 기관 문제, 알레르기, 여기에 추가로 수면 장애나 기억력 감퇴를 겪기 때문이다. 나는 원래 이런 사람들의 대표 주자로 진작에 여러 번 나가떨어져야 했을 테지만 아직까지 달리는 데는 문제가 없다. 여태껏 나는 지구를 네 바퀴는 돌았고, 벌과 말벌에게 수시로 쏘였으며 메인주의 여름에는 검정파리부터 시작해 모기, 말파리, 진드기에게 산 채로 뜯어먹히다시피 했고, 아프리카에서는 체체파리에게 물렸다. 반대로 생쥐는 물론이고 차에 치인 다양한(늘 신선한 건 아니었다) 동물을 먹는 등 여러 스트레스 요인에 기꺼이, 보통은 의도적으로 노출되곤 했다. 그렇다고 해서 이런 경험이 전혀 없는 사람보다 더 늙거나 소진된 것도 아니며 여전히 달릴 수 있다.

    그러나 올림픽처럼 세계 무대에서 겨루는 선수들에게는 세계 최고와 경쟁할 기회의 문이 아주 좁다. 기껏해야 25세에서 30세, 혹은 그 미만밖에 안 된다. 한 개인의 전성기는 분명 저 나이 어딘가에 있을 텐데 통계학자가 그 시기를 정확히 알 수 있고 천만 명을 대상으로 절정의 나이를 수집한다면, 그다음에는 평균적으로 사람의 수행 능력이 최고치에 도달하는 나이, 심지어 날짜까지 정확히 계산할 수 있을 것이다. 그렇더라도 통계 결과를 특정 개인에게 적용할 수는 없다. 각자는 하나의 실험군이고, 실험은 다른 모든 조건이 동일해야 하는데 그건 불가능하기 때문이다. 하지만 적어도 통계치를 통해 몸의 쇠퇴란 누구에게나 예상되는 필연적인 현상으로서 개인이 세우는 목표와 기대치의 범위를 한정하고, 남이 아닌 자신의 생체시계와 시합하도록 격려한다는 걸 알 수 있다.

    나는 세상을 낙천적으로 보는 편이지만 피할 수 없는 것도 있다. 죽음이란 내가 고대하는 바는 아니지만, 죽음에 굴복하지 않으려면 차라리 즐겁게 기다리는 편이 나을 것이다.

3

시간과의 레이스

Racing the
Clock

1896년 작 「너무 일찍 세상을 뜬 육상 선수에게To an Athlete Dying Young」라는 시에서 앨프리드 E. 하우스먼은 달리기를 많이 하면 일찍 죽는다는 당시의 통념을 비극으로 여기는 대신, 선수들이 이룬 영광으로 드높였다. 하우스먼은 월계관을 쓸 기회가 많은 젊은 나이에 달리라고 독려했다. "젊음은 장미보다 빨리 시들므로."

이 통계적 사실을 인정해 우리는 성별과 나이대가 같은 사람들끼리 시합하게 한다. 전성기 선수를 위한 오픈 대회와 40세가 넘어서도 여전히 대회에 참가하는 이들을 위한 마스터 대회가 있듯이 말이다. 선수의 참여도가 높아지면서 연령대별로 10년, 때로는 5년 단위로 대회를 나누고 나이에 따라 어쩔 수 없이 달라지는 능력 차이를 감안하여 기대치를 조정한다.

환갑이라는 나이가 생각보다 너무 빨리 찾아와 충격을 받았다. 덕분에 50킬로미터 달리기에서 내 연령대 기록을 깨려고 더 열심히 달렸다. 하지만 무릎이 말을 듣지 않았다. 몇 달이나 통증이 계속되어 결국 용하다는 버몬트주의 플레처 앨런 병원과 보스턴의 전문의를 찾아갔다. 내가 가진 가로 35센티미터, 세로 43센티미터 크기의 엑스레이 필름은 2000년 1월 28일에 촬영한 것인데, 이날 나는 소견을 듣기 위해 진료실에서 기다리다 살짝 열린 문틈으로 의사가 인턴 둘에게 하는 소리를 들었다. "난감하게 됐네. 달리기하는 양반한테 듣고 싶지 않을 말을 해야 하니." 그렇다. 듣고 싶지 않은 말이었지만 어쨌거나 난 계속 달렸고 덕분에 두 배로 좋은 일이 생겼다.

뛰어난 실력을 갖추는 데 필요한 강도 높은 훈련은 시간과 노력이 너무 많이 들기도 하거니와 몸에 손상이 가기 때문에 대부분의 사람은 하기 힘들다. 몸에 손상이 가는 게 곧 노화이기도 하다. 하지만 이런 변화에도 큰 차이가 있다. 우리 몸에는 상처를 치료할 때 원래대로 몸을 유지하기 위해 작동하는 보수 메커니즘이 있다. 몸이 회복되고 다시 정상이 되는 과정에서 경미한 상처가 자극이 되어 몸을 전보다 더 높은 단계로 만드는 역노화 과정이 일어날 수 있다. 반면 전에 일어난 상처가 낫기도 전에 동일한 스트레스를 반복해서 받으면 상처가 악화되면서 생리적으로 노화와 비슷한 붕괴 주기가 계속된다. 그러나 달리기와 노화, 역노화의 연관성에 대한 내 추측은 어디까지나 논리에 기반을 두었을 뿐이다. 박물학자로서 자연을 관찰한 내용을 바탕으로 이론을 세운 다음, 실험을 통해 확인하는 게 내 습성이지만 이 가설을 검증하는 건 불가능할지도 모른다. 왜냐하면 평생 옆에서 협조하는 사람이 있어야 하고 몸의 생리 상태도 꾸준히 확인해야 하기 때문이다. 그런데도 그 생각에 충분한 확신이 든 건 예순의 나이에 100킬로미터 울트라 마라톤 대회에 나갔다가 절반 지점에서 포기한 후, 10년 뒤에 다시 취미로 달리기를 시작해 동네에서 10킬로미터 대회에 참가하면서였다. 비록 빨리 달리지는 못했지만, 적어도 10킬로미터를 완주할 수는 있었으니까 말이다. 나는 평생 달리기에서 일등이 아니면 어떤 등수든 내세울 가치가 없다고 생각했는데, 2019년 9월 15일, 79세의 나이에 메인주 포틀랜드에서 트레일 투 에일Trail to Ale 대회에 참가해 204등으로 들어왔을 때는 굉장히 뿌듯했다. 완주한 사람이 1000명 이상이었는데도 나는 70세 이상 중에서 일등으로 들어왔고 내가 아는 한 59분 20초라는 기록은 메인주의 내 연령대에서 최단 기록이었다. 공개된 환산표에 따라 내 나이를 고려해 따져보면 내 기록은 31분 25초에 해당했다. 헬싱키대학교 진화생물학자 페데리코 칼볼리가 썼듯이 "물질은 개에게 먹히고, 가족과 친구에 의해 부서지고, 바람에 가루가 되고, 산에서 얼고, 초원에서 사라지고, 태양에 불태워지고, 빗물에 씻겨나간다. 그리하여 그대는 개와 가족과 친구와 태양과 비와 바람과 초원과 산과 함께 남을 것이다. 무엇을 더 원하는가?" 나는 더 되고 싶은 것도 없었고 현재 내가 가진 것으로 이룬 일에 마냥 기뻤다.

일흔이 넘었어도 달리는 느낌은 한창때와 다를 바 없었지만, 밥 시거가 〈어게인스트 더 윈드〉에서 노래한 것처럼 확실히 느려지긴 했다. 달리면 여전히 기분이 좋았지만 브루스 스프링스틴의 〈글로리 데이스〉 가사처럼 과거의 영광을 부활시키려는 노스텔지어 때문은 아니었다. 그보다는 보스턴 마라톤에서 뛸 때 캣 스티븐스의 1971년 곡 〈비터 블루〉에서 "난 오랫동안 뛰어왔으니까"라는 가사를 머릿속으로 되뇌며 호흡을 맞추던 그 격한 심장박동의 리듬이 더는 아니라는 느낌, 역풍이 잦아들다가 멈춘 것처럼 안심되고 기운이 허비되지 않았다는 느낌이 만족스러웠다. 나의 달리기는 제 살을 먹고 성장하여 새로운 방향에 도달했다. 하우스먼의 시에서 달리기 선수는 모름지기 "영광의 메아리가 사라지기 전에 / 재빠른 발로 어둠의 문턱을 딛고 서서" 경주해야 한다고 충고한 것처럼 아직 앞서 있을 때 그만둬도 괜찮다. 그러나 왜 달리기 속력이 서서히 느려지다가 완전히 멈추게 되는지에 대한 문제는 아직 남아 있다. 시간과의 레이스에서 쇠퇴란 정녕 돌이킬 수 없는 것일까? 그 앞에서 얼마나 독립적일 수 있을까?

평균 수명은 모든 동물과 식물에게 적용된다. 하루살이는 수생 유충으로 7년을 살지만 번식력 있는 성체가 되어서는 하루를 넘기지 못하고 죽는다. 이 주기는 환경이 주는 외부 신호에 따라 설정, 재설정되는 내부의 생체시계가 운영한다. 전설에서처럼 그라운드호그는 2월 2일까지 동면 상태에 있다가 아마 일년주기시계에 자극을 받아 깨어날 것이다. 그러나 잠에서 깼을 때 해가 밝지 않으면 다시 돌아가 잠을 청한다. 이론적으로 이 과정은 일년주기리듬뿐 아니라 하루주기리듬에 의해서도 계속해서 증명되었다. 또 수명은 사전에 결정되며 종마다 시간을 중심으로 짜여진 프로그램이 장착되어 있다. 여기서 핵심은 진화가 생물체 내부는 물론이고 외부에서도 영향을 받아, 나이와 상관없이 그때그때 주변에서 일어나는 일의 신호에 따라 프로그램이 통제되는 수많은 예를 제공해왔다는 것이다. 그중에서도 어류, 특히 연어나 장어의 예가 가장 극적이며 이들에 대한 연구가 가장 활발해 다양한 지식을 전달하고 있다.

북아메리카 서부의 홍연어는 어른이 될 때까지 태평양에서 자란다. 그런 다음 성적으로 성숙해지면(성숙하는 시기는 정해진 연령이 있는 게 아니라 먹이의 유무에 따라 결정된다) 1600킬로미터에 이르는 여행 끝에 강을 거슬러 와서는 짝을 만나고 알을 낳는다. 모든 개체가 이 과정을 평생 단 한 번 치르는데, 암수 상관없이 번식이 끝나면 급격히 노화하여 말 그대로 살점이 뼈에서 떨어져 나가는 상태가 된다. 번식 과정에서 정자나 알을 배출하는 과정이 신호가 되어 노화하고 죽는 것이다. 북아메리카의 동해안(그리고 유럽의 서해안)에서는 뱀장어도 연어처럼 번식 후에 죽지만, 그전에 대서양의 사르가소해로 돌아가 짝짓기 후 알을 낳는다. 알에서 부화한 어린 뱀장어가 마침내 평생을 보낼 민물로 향하는 실제 연령은 잘 알려지지 않았는데, 이 작디작은 뱀장어 유충을 광대한 바다에서 추적하기가 힘들기 때문이다.

뱀장어를 가두고 산란지로 돌아가지 못하게 막으면 어떻게 되는지 본 사람은 거의 없으므로 우리는 뱀장어가 얼마나 오래 사는지 모른다. 그러나 참고할 만한 사례는 있다. 푸테라는 이름의 한 유명한 새끼 뱀장어가 1863년에 프리츠 넷슬레르라는 소년에게 잡혔다. 푸테는 잡혔을 당시 몸길이가 약 38센티미터에, 언젠지는 모르지만 모든 뱀장어의 고향인 사르가소해에서 태어나 북해를 거쳐 스웨덴에 막 도착한 참이었다. 넷슬레르는 이 어린 뱀장어를 평생 수조에서 길렀다. 자유롭게 놔주었다면 2~5년 사이에 성숙하여 바다로 돌아갔겠지만 수조 안에서는 성장을 멈추고 평생 어린 물고기의 형태로 머물렀다. 푸테는 먹이를 조금 먹으며 오래오래 살아 마침내 88세라는 나이에 죽었다. 그러나 죽을 당시에도 몸길이가 일반적인 1.2미터 이상이 아닌 미성숙한 어린 물고기의 상태를 유지했다는 점은 놀랍다.

성적으로 성숙한 뱀장어는 몸길이가 1.2미터까지 자라는데, 내륙의 민물 못이나 호수에서 대서양까지 편도 여행을 떠나 마침내 사르가소해에 도착하여 알을 낳는다. 암컷은 50만~800만 개의 알을 낳는다. 부화한 유생은 멕시코만류를 타고 자유롭게 떠다니며 수년간 표류하는데, 그중 극도로 운이 좋은 일부는 우연히 강 하구에 도달하여 하천을 거슬러 올라간 다음 성체가 될 때까지 자란다. 그 기간이 총 8년에서 길게는 57년까지 걸린다.

새로 이주한 민물에서 번식 단계에 도달한 뱀장어는 소화관이 퇴화하고 눈과 지느러미가 커지며, 몇 년이 걸릴지도 모르는 수천 킬로미터짜리 여행의 연료가 되어줄 지방을 축적하는 방식으로 몸이 변화한다. 그동안 짝짓기를 하고 알을 낳을 때까지는 젊음을 유지한다. 하루살이, 많은 나방류, 일부 연어, 딱 한 번 꽃을 피우고 죽는 중앙아메리카의 타키갈리 베르시콜로르*Tachigali versicolor*, 오스트레일리아 사막에 사는 붉은칼루타도 뱀장어처럼 번식 후에 죽는다. 그렇다면 이렇게 서둘러 노화하고 서둘러 죽는 것에 유리한 점이 있을까? 정답은 '네'이자 '아니오'다.

안정적인 개체군에서 암컷 한 마리가 낳은 수백만 개의 알 중에서 평균 한 쌍의 젊은 뱀장어가 번식 단계에 도달한다. 뱀장어 한 쌍이 낳은 수백만 개의 알 중에서 하늘의 별 따기만큼 어려운 번식의 기회를 얻는 개체는 누구일까? 능력이 출중한 개체일까? 그렇지 않다. 현재까지 알려진 가장 가능성 높은 변수는 '우연'이다. 그래서 부모 뱀장어는 가능하면 알을 많이 낳아야 한다는 선택압을 받는다. 평생에 단 한 번이라면 자신이 가진 모든 것을 쏟아부어야 마땅하다.

민물 못에서 수천 킬로미터나 떨어진 사르가소해의 1밀리미터짜리 알에서 부화한 작은 유생이 내륙의 목적지까지 도착할 방법은 우연히 민물을 만났을 때 무작정 물의 흐름을 거슬러 올라가는 것 말고는 없다. 그때까지는 우연을 기대하며 수년간 수동적으로 표류할 운명이다. 자손을 많이 생산한 부모는 자신이 가진 자원을 모두 고갈시켰을 터라 산란지에 다시 도달할 가능성은 제로다. 뱀장어와 홍연어처럼 식물이나 포유류의 경우에도 평생 한 번 주어지는 번식 기회와 노화 사이에는 밀접한 상관관계가 있다.

식물의 경우 중앙아메리카의 원시림에 서식하는 타키갈리 베르시콜로르는 딱 한 번 개화, 즉 번식하는데, 자살나무라는 일반명에 어울리게 대량으로 한 번 꽃을 피우고 죽는다. 나무가 죽으면 숲 천장에 틈이 생기면서 햇빛이 바닥까지 들어와 자손들이 무럭무럭 자랄 수 있다. 그렇지 않으면 어린 묘목은 태양에너지를 충분히 받지 못해 생장을 시작하지 못한다. 우리 집 숲에 자라는 미국밤나무는 부모가 종자에 넉넉히 챙겨

둔 영양소에서 힘을 얻어 어린싹의 생을 시작한다.

번식에 투자하는 부모 입장에서 같은 비용의 원리가 적용되는 가장 충격적인 포유류는 붉은칼루타다. 붉은칼루타는 오스트레일리아 서부의 그레이트샌디사막에 사는 쥐처럼 생긴 유대류로, 수컷 붉은칼루타에게 짝짓기는 곧 자살이다. 교미를 끝내자마자 죽어버리기 때문이다. 이들의 문제는 사막에 비가 내리면 초목과 먹잇감이 넉넉해지지만 짧은 풍요의 기간이 끝나고 다시 비가 내릴 때까지 살아남을 가능성이 희박하다는 점이다. 그래서 비가 내리고 난 다음의 그 짧고 귀한 시간에 암컷을 찾아 수정시키지 못한 수컷은 더 살아봤자 제 유전자를 물려줄 수 없다. 그렇게 죽는 게 꼭 이롭다고 할 수는 없다. 붉은칼루타가 죽는 가장 주된 이유는 투자할 만한 번식의 미래가 없는 상황에서 노화를 막기 위해 대사 관리를 지속해야 할 선택압이 없기 때문이라 봐야 한다. 이번이 아니면 다시는 올림픽에 참가할 기회가 없는 육상 선수가 평생 한 번의 올림픽 경기를 위해 전력투구하는 상황과 유사하다. 내가 10대였을 때 달리기 영웅이었던 오스트레일리아인 허브 엘리엇은 1954년에서 1960년까지 연속으로 44번의 경주를 석권한 무패의 1마일(약 1.6킬로미터) 경주 선수였지만 22세에 달리기를 그만두었다.

자연선택은 개체가 성숙기에 도달하고 번식을 계속하는 한 젊음을 유지하는 것을 선호해왔다. 만약 뱀장어가 번식하기 위해 이주해야 하는 시간과 일정이 정해져 있다면 백만 개씩 알을 낳는 능력은 제한될 것이다. 정해진 시간 내로 긴 여행을 마침과 동시에 많은 알을 낳는 데 필요한 몸의 크기, 체력, 에너지 비축량에 도달한다는 보장이 없기 때문이다. 따라서 어떤 개체는 먹이만 충분하면 1~2년 안에 번식할 수 있지만, 여건이 여의치 않을 때는 어쩌면 100년도 넘게 젊음을 유지한다. 그들이 제 의지로 죽는 건 아니다. 살아 있어도 후손을 만들 수 없을 때 굳이 살아 있게 하는 선택압이 없을 뿐이다.

그게 달리기와 무슨 상관이 있을까? 달리기로 인해 생기는 미세 손상은 잘 알려져 있기에 달리기 선수의 몸이 소진된다는 가설에는 일말의 타당성이 있다. 하지만 운동이 건강을 유지하고, 운동 능력을 향상하는 자극의 역할을 한다는 것도 잘 알려진 사실이다. 어쩌면 손상에서 오는 확실한 자극이 없을 때는 노화 작용이 너무 경미하고 완만하게 일어나 치료 반응을 일으키기에 불충분하므로 아주 천천히 축적되어 노화를 야기하는 걸지 모른다. 반대로 자극이나 손상 정도가 심각하고 쉽게 완화되지 않는 경우에도 능력의 소실이나 노화가 빨라진다. 이를 집에 비유해보자. 집을 관리하고 손보는 사람이 없다면(집의 규모나 건축 방식, 환경 등에 따라 다르긴 하겠지만) 시간이 지나면서 먼지, 습기, 곰팡이 같은 물질이 쌓이고 스며들어 서서히 그러나 꾸준히 부식될 것이다. 경계를 게을리하지 않더라도 변화가 아주 천천히 진행되고 원래 상태와 비교할 기준이 없다면 변형이 심하게 일어나도 알아채지 못할 수 있다. 만약 어떤 이유로든 원상태를 유지해야 한다면 일정 수준 이상으로 망가졌을 때 이를 감지하고 수리할 거주자가(혹은 메커니즘이) 있어야 한다. 그러면 작은 손상을 감지해 보수를 재촉하는 자극을 주고 그에 따라 노화를 늦출 수 있을 것이다. 집 상태의 변화를 알아채는 거주자의 민감도가 주택의 부식 속도와 붕괴 시점을 결정한다는 말이다.

사실 누가 봐도 인간의 수명은 비정상적이다. 왜냐하면 인간의 몸은 어떤 방식으로든 관리를 멈추지 않고 번식이 끝난 후에도 곧바로 죽지 않기 때문이다. 인간은 달리기 전성기인 20대나 30대에 주로 번식 활동을 하고 이후에도 몇 번의 생식 기회가 있다. 그러나 다른 종과 비교했을 때 인간의 예외적인 특성이 오히려 법칙을 반증한다는 사실은 아이러니하다. 인간이 개별적인 생식능력과 무관하게 장수하는 이유는 간접적으로나마 유전에 기여하기 때문이다.

인간의 생존 열쇠는 사회적인 동물이라는 점에 있다. 인간은 작은 가족 집단에서 진화하며 유전적 연관성을 바탕으로 제 자식은 물론이고 가족끼리 서로 도우며 살았다. 작은 가족 집단에 속한 여성은 자신의 아이를 키운 후에 다시 딸을 도와 손녀를 보살폈고, 이를 통해 간접적으로 유전적 자질을 증진했다. 이것은 뱀장어 어미가 아무것도 없는 광활한 바닷속에 알을 낳으면서 부화한 새끼가 제힘으로 살아남기를 바라는 것과 정반대되는 행위다. 인간에게는 부모의 생존, 조부모의 생존, 증조부모의 생존까지도 중요하다. 남성도 같은 방식으로 서로 돕지만 여성만큼 즉각적인 수준은 아니다. 남성의 장수도 여성처럼 자손의 번식을 촉진하기 위해 선택되지만 방향은 다르다. 여성의 직접적인 번식 활동은 유전자의 기여가 끝나는 폐경기에 마무리된다. 만약 인간 여성에게 연어나 장어의 생리적 수리 메커니즘이 장착되었다면 폐경기에 이르렀을 때 타이머가 꺼지면서 죽겠지만 인체의 타이머는 그 시점에도 꺼지지 않는다. 오랜 진화의 과정에서 제 손주를 보살핀 사람들은 그러지 않은 사람들보다 유전적 가계를 더 오래 존속시켰기 때문이다.

반면에 남성은 여성보다 수십 년은 더 오래 직접적으로 유전적 기여를 증진할 가능성이 있다. 여전히 씨를 뿌릴 수 있다는 말이다. 여성의 폐경기에 해당하는 연령 이후에도 오래도록 살아 있는 남성은 진화적 차원에서 생존력과 미래에 직접적인 유전적 투자 가치가 있음을 증명한다. 그 결과 인체의 생체시계는 미래 수익에 좋은 투자인 신체 수리 메커니즘을 이토록 오랫동안 유지하게 되었다.

나무도 유사한 예를 보여준다. 나무는 성장하고 나면 매년 계속해서 꽃을 피우고 씨를 떨구어 번식한다. 세쿼이아나 브리슬콘소나무 같은 나무는 수백 년, 심지어 수천 년까지도 번식할 수 있다. 에너지와 영양소 투입을 기대할 수 있는 한, 느린 노화 과정이나 긴 생존은 미래의 번식에 대한 개별적인 투자다. 실제로 어떤 상황에서는 나이가 들어갈수록 번식 가능성이 어느 정도까지 증가한다. 나무의 경우에도 수령이 높아질수록 번식 확률이 높아진다. 숲 지붕까지 올라가 빛에 도달한 나무는 하층부에 있는 나무보다 번식 잠재력이 훨씬 크다. 대신 어린나무에게 필요한 자원을 독차지해 잠재적 자손이 사용할 에너지를 빼앗는다. 그 나무의 자손이 모두 그늘 밑에서 싹을 틔운다면 자살나무의 예가 보여주듯 어미나무에게는 죽어야 하는 선택압이 작용할 것이다. 같은 원리가 동물, 특히 사회적 곤충에게도 적용된다.

흰개미 군체의 여왕과 남왕은 일단 자리를 잡으면 집단이 제공하는 돌봄과 안전 속에서 수십 년, 어쩌면 반세기 이상 계속 번식할 수 있다. 흰개미 여왕 부부는 영원히 젊음을 유지할 수도 있는 반면, 하루살이의 경우는 담수에서 생활하던 유충이 일단 번식력을 갖춘 성체가 되면 고작 하루밖에 살지 못한다. 교미하고 알을 낳기까지 하루면 충분한데, 어마어마한 수가 동시에 물 밖으로 나오므로 즉시 짝을 찾아 교미하고 근처에 편리하게 알을 낳을 수 있기 때문이다. 딱히 짝을 찾아다니거나 먹이를 먹을 시간이 필요하지 않다. 딱 하루를 버틸 만큼의 에너지만 있으면 된다. 반면 흰개미 군체의 여왕과 남왕은 60년도 살 수 있다. 여왕은 하루에 3만 5000개의 알을 낳고 내내 한 마리 수컷과 짝짓기한다. 하지만 알을 낳는 법이 없는 일개미는 불과 몇 주만 살고 죽는다. 이런 현상은 일개미들이 쉬지 않고 남왕과 여왕의 안위를 보살피며 먹이기 때문에 일어난다.

인간도 모든 생물에 동일하게 작용하는 자연선택의 힘으로 진화했지만, 특정한 생태 환경에서만 살 수 있도록 적응했다. 인간이 노화하는 실제 연령은 임의적인 것이 아니라 다른 모든 생물처럼 진화적으로 적응한 결과물이다. 다른 생물은 행동적으로나 생리적으로 이 사실을 증명할 수 있었지만 인간의 경우는 먼저 표면상의 생물학적 의제를 헤아리고, 우리가 어떻게 같거나 다른지 살피고, 한 과정을 촉발하는 촉진 요인을 확인해야 그 바탕에 무엇이 작용하는지를 알 수 있다.

가장 가까운 친척과 비교했을 때 인간은 생식능력과 수명이 아주 길게 지연된다는 측면에서 독특하다. 인간의 수명은 천차만별이기 때문에 개인적으로 영향을 주는 요소가 있는 게 분명하지만 노화 속도의 기준이 없으면 노화의 영향을 결정하는 요인을 찾기가 어렵다. 어쩌면 한 가지 변수가 신체 생체시계 나이의 독특한 기준이 될지도 모르겠는데, 바로 월경이다.

초경, 즉 생리를 처음 시작하는 나이는 8세에서 17세까지로 개인차가 크며 그 이유를 설명하는 데이터가 있다. 스웨덴, 독일, 덴마크, 노르웨이, 미국, 영국에서 초경을 시작하는 나이는 1830년대 평균 17세에서 1970년대 12세로 낮아지는 추세를 보였다. 다시 말해 환경이 우리의 노화에 영향을 준다는 말이다(그렇다고 수명에까지 영향을 주는 것은 아니다. 초경과 수명은 질병, 포식자, 그 밖에 다른 요인이 야기하는 변수 때문에 동일 선상에 놓고 볼 수 없다). 우리는 왜 오늘날 여자아이들이 과거 그 어느 때보다 생리학적으로 더 빨리 어른이 되는지, 더 빨리 나이를 먹는지 모른다.

초경의 정의는 유년기에서 생식이 가능한 성인으로의 전환이다. 뱀장어 유생이 성어가 되고, 애벌레가 나비로 우화하는 과정과 마찬가지다. 어떤 동물이든 아이에서 어른으로 전환하는 과정은 환경에서 오는 특정한 감각 자극에 뇌가 반응하면서 촉발된다. 그 자극이 혈액으로 신경호르몬(사람의 경우 뇌하수체호르몬)을 방출하고, 호르몬이 난소에 영향을 주면서 몸 전체에 영향을 미친다. 초경이 시작되면 키가 크고, 지방이 축적되고, 유방 조직이 발달하고, 골반이 확대되는 등 발달상의 변화가 일어난다. 요약하면 환경의 무엇인가가 우리 몸에 변화를 일으켜 유년기나 번식기를 증가 혹은 감소시킨다는 말이다. 이 과정을 촉발하는 건 무엇일까? 그게 뭔지는 모르지만 한 가지 살펴볼 만한 후보는 음식이다.

나는 어려서부터 발육이 부진했고 그 점이 늘 부끄러웠다. 대학교 1학년 때 주위에는 이미 턱수염을 기르는 남학생도 있었지만 내 얼굴에는 복숭아털 같은 솜털밖에 없었다. 사람들은 나를 벤의 약칭인 베니라고 불렀는데, 몸무게 36킬로그램의 약골이었기 때문이다. 그때의 나는 평생 수조에 갇혀 살았던 푸테에 비할 수 있을 것 같다. 잘 먹이고 사르가소해까지 갈 기회를 줬더라면 더 빨리 자랐을 뱀장어 푸테 말이다. 나에게 그 기회는 대학에 들어가면서 주어졌다. 하루에 세 번씩 무엇이든, 특히 프라이드치킨이나 햄버거를 얼마든지 먹을 수 있었고 마침내 속박에서 풀려나 자유로워졌다. 나는 갑자기 열린 세상으로 새로운 항해를 시작했다.

제2차 세계대전이 끝난 후 독일 북부의 어느 깊은 숲속 작은 오두막에서 살던 6년에 가까운 시간은 수조 속 뱀장어의 고요한 삶과 비슷한 면이 있었다. 당시는 음식이 매우 귀해서 우리는 딸기류, 너도밤나무 열매, 도토리, 버섯, 덫으로 잡은 쥐 등을 먹으며 연명했다. 까마귀가 헤집어놓은 야생 멧돼지를 찾았을 때의 전율을 기억한다. 사체에는 지방이 남아 있었다. 아버지가 개한테 물려 갓 죽은 사슴을 발견한 적도 있었고, 어디선가 닭 한 마리를 구해 들고 돌아오신 적도 있었다. 가장 추억하고 싶은 순간으로는 음식, 특히 닭고기에 관한 것이 있다. 여동생과 함께 매일 마을에 있는 학교까지 걸어 다녔던 숲속의 커브 길이 아직도 생각난다. 학교 수업에는 종교 과목도 있었는데 천국에 가려면 착한 사람이 되어야 한다는 것 말고는 기억나는 게 없다. 천국이 어떤 곳일까 생각해보다가 언제든 마음껏 프라이드치킨을 먹을 수 있는 곳일 거라고 결론짓긴 했다. 그 숲에서 나는 딱정벌레 말고는 달리 원해본 것이 없다. 아버지가 가까운 마을에 장작으로 팔기 위해 나무 밑동을 캐내는 동안 나는 쥐를 잡으려고 파놓은 함정에서 주로 벌레를 찾았다. 나무 그루터기는 영국 점령군이 목재로 사용하기 위해 벌목한 나무가 남긴 유산이었다. 영국군은 빈 담뱃갑도 버리고 갔다. 낙타와 마법 주문이 그려진 예쁘고 화려한 물건이었다. 그걸 모으는 아이들도 있었지만 나는 대신 딱정벌레를 수집했다. 그런 데는 아버지가 영국인들과 좋은 친구였다는 이유도 있었다. 몇 년 후 우편이 재개되었을 때 아버지는 우리 농장에서 일한 전쟁 포로 중 하나였던 경찰과 편지를 주고받았다. 아버지는 우리 농장이 서프로이센(독일 영토)에 있다고 말했지만 알고 보니 독일이 아닌 폴란드였다. 하지만 그건 충분히 용납할 만한 실수였다. 한참 시간이 흘러 내가 살던 주가 캐나다로 편입되었지만 나 또한 계속 메인주에서 왔다고 아무렇지 않게 말하곤 했기 때문이다.

나는 탈주 이전의 기억은 거의 없는 상태로 이 마법 같은 숲에서 오래 격리되어 있었다. 자연 안에 머물며 다른 곳으로 갈 필요도, 욕구도 느끼지 못했다. 어차피 달리 아는 장소도 없었다. 소유할 필요도 없었고 그대로도 만족했다. 나는 26세에 로스앤젤레스에서 아내를 만날 때까지 성장과 번식을 미뤄왔다.

다섯 살에서 열 살까지 숲속에 살면서 다른 곳은 일절 알지 못했지만, 언젠가 아버지가 함부르크 근처 도시로 데려가 폭격으로 파괴된 폐허를 보여준 적이 있었다. 그곳은 내가 아는 유일한 다른 장소였고 구석구석 나를 사로잡았으며 결국 완전히 사랑하게 되었다. 학교까지 걸어서 왕복하는 1킬로미터의 숲길 역시 언제나 내 주된 관심사였다. 그곳에는 다른 건 하나도 없었다. 종이도, 책도, 새들의 노랫소리가 아니면 음악도 없었다. 하지만 막대기로 쑤시면 살아 움직이는 개미집이 있었고, 모래 위를 달리며 환하게 빛나는 길앞잡이, 애벌레를 굴로 운반하는 구멍벌, 분홍빛 에리카 주위를 맴도는 뒤영벌이 있었다. 아버지가 파놓은 함정에서는 매일 보물이 나왔고, 매번 전보다 더 아름답고 화려한 딱정벌레를 잡을 수 있었다. 아버지는 함정에 생쥐나 뒤쥐가 잡혔는지 보러 갈 때면 늘 나를 데려가셨다. 덫에 걸려야만 볼 수 있는 녀석들이었다. 저 생물들은 셀 수도, 알 수도, 볼 수도, 상상할 수도 없는 미지의 경이를 알려주었다. 그중에서도 새들은 매력이 넘쳐 흘렀다. 회색솔딱새 한 마리가 오두막 한쪽에 있던 상자에 둥지를 틀었고, 몸집이 통통하고 꼬리가 뭉툭한 작은 갈색 집굴뚝새들은 송어가 다니는 둑 아래 개울 가장자리에서 노래했다. 굴뚝새 한 마리가 쓰러진 가문비나무 뿌리 속에 초록색 이끼를 모아 작은 둥지를 만들었는데, 손가락을 집어넣으면 알이 만져졌다. 모두 사람을 어찌나 취하게 만들던지. 어느 날 아침이면 빨간 광대버섯 아래에서 춤추는 숲속의 난쟁이들이 여동생과 내가 잔가지를 모아 짓고, 갓 따온 초록색 이끼로 지붕을 덮은 작은 집에 나타날 것만 같았다. 현실은 환상적인 상상과 크게 다르지 않았다. 내가 살던 환경(수명 연구를 위해 먹이가 수북이 쌓인 0.01제곱미터 정도의 상자 안에서 짧아진 생을 살았던 들쥐와는 다른)에서 유일하게 계속 귀했던 건 음식뿐이었다. 대신 나는 그곳에서 순수한 자유를 경험했다. 음식과 대부분의 즐거움은 모두 내 두 발로 얻을 수 있었다.

4

메인주의 시골에서

The Running
Start

생체시계는 생물체의 생리와 행동을 조절하고 예상되는 환경에 적절하게 반응하도록 준비시킨다. 기어 다니던 유충이 날아다니는 나방이 되고 헤엄치던 올챙이가 폴짝 뛰어다니는 개구리로 탈바꿈하는 것과 마찬가지로, 달리기 역시 정해진 연령에 무조건 시작하도록 프로그램된 것이 아니라 환경의 특정 요소에 대한 수용과 반응에 의해 활성화되는지도 모른다. 특히 사회적 자극은 발달 과정에서 많은 사람을 이끄는 강력한 요인이다. 한하이데 숲에 살면서 달린다는 생각을 일부러 해본 적은 없었지만 그곳에서 지내다 보면 달리기는 저절로 부여되는 물리적 현실이었다. 한하이데 숲을 떠난 지 74년이 지난 지금, 그곳에서 달리던 기억은 전혀 나지 않아도 기고, 뛰고, 날고, 자라고, 잎을 내고,

꽃을 피우던 것들에 대한 세세한 기억은 끝도 없이 떠오른다. 그건 상당 부분 아버지가 준 사회적 자극 때문일 것이다. 아마 나는 생각 없이 숲속을, 특히 학교를 오가며 숲길을 뛰어다녔을 테고 그것이 흔적을 남긴 걸지도 모른다. 내 여동생 마리아네는 다 커서 이렇게 말했다. "오빠는 항상 뛰고 있었어." 본인은 뛰지 않았기 때문에 더 잘 알았을 것이다.

최근에 친한 친구 한 명이 물어왔다. "과학자이자 달리기 선수인 자네에게는 자연과 달리기 중에 어떤 게 더 중요한가?" 나는 잠시 생각에 잠겼다가 눈이 커졌고 곧 눈물이 흘렀다(라고 친구가 말했다). 나는 내 의식이 시작한 곳까지 더듬어 올라가 보았다. 거기에는 폴란드어로 블루베리라는 뜻의 '보로브케'라고 부르던 우리 가문이 대대로 살아온 집이 있었다. 부모님은 그곳에 대해 자주 말하곤 했다. 보로브케는 전쟁 중 하루가 다르게 진격해오는 소련군을 피해 영원히 집을 떠나 독일 북부 숲속의 피난처에 도달하기까지 겪은 트라우마를 상징하기도 했다. 어른들에게는 갑작스럽게 고향과 정체성을 잃고 떠돌아다니는 처지가 된 것이 굉장한 충격이었겠지만 나는 쉽게 적응했다. 아는 것도, 기억하는 것도 없었으므로 다양한 방향으로 나아갈 수 있었고 당시는 사소해 보이던 온갖 자극에도 반응해 여러 길을 택할 수 있었다.

인간은 가능하면 자신의 정체성을 만들려고 한다. 이 정체성은 밖에서 주어졌을 때보다 스스로 얻어냈을 때 더 만족스럽다. 돌이켜 보면 내가 스스로 얻어냈다고 생각하는 큰 정체성이 하나 있는데, 바로 '주자走者'다. 과학자도 전혀 아닌 건 아니지만 평범하지 않은 상황들을 겪으며 결국 그 두 가지가 뒤엉켰다. 하나의 성취가 다른 하나를 성취하는 도구가 된 것이다.

1951년 봄, 우리는 메인주의 한 시골에 도착했고 나와 마리아네는 학교에 다니면서 빠르게 영어를 익혔다. 그곳에서 보낸 첫 여름은 천국에서의 생활 같았던 것으로 기억한다. 주위에서 사람들이 수시로(늘 연락 없이) 찾아왔는데 다들 친절하고 활달했다. 우리 집에는 전화도, 전기도, 수도도 없었지만 예전에도 없이 살았기 때문에 딱히 불편하지는 않았다. 다른 이들의 눈에는 우리가 굉장히 이질적인 존재로 비쳤을 테고 실제로 그랬을지도 모른다. 그 여름에 아버지는 흰색 반바지를 입었지만 다른 남자들은 당시 유행하던 멜빵 청바지를 입었다. 그들은 외양간에서 작업하거나 건초를 만들었고 마을의 월턴 바스 신발 공장이나 모직 공장, 제재소 같은 곳에서 일했다. 엄마를 포함한 특정 연령대의 여성들은 입술은 붉게, 속눈썹은 검게 칠해 치장했다. 나는 여름이면 맨발에 웃통을 벗고 반바지만 입은 채로 돌아다녔다. 그렇게 다녀도 보통은 아무 문제 없었지만 한번은 오랫동안 연습한 새총 사냥 기술로 청설모를 쏘고서는 사체를 찾는다고 덩굴옻나무 덤불을 뒤지다가 혼쭐이 난 적이 있다. 가장 친했던 친구들은 나부터 시작해 한 살씩 어린 순서대로 지미, 빌리, 버넌 애덤스가 있었고 이들은 근처의 크고 오래된 농장 건물에 살았다. 농장에는 동물 외에도 많은 생물이 살았다. 아이들의 아버지인 플로이드 애덤스는 태평양 항공모함에서 공습을 받아 부상을 입고 다리를 절었다. 당시 그와 함께 있던 선원들은 대부분 죽었다고 했다. 애덤스 씨는 단 한 번도 전쟁을 입에 올린 적이 없었다. 전쟁은 끝났고 일거리를 찾는 사람들에게는 행복하고 부유한 나날이었다. 우리 넷은 가축을 돌보았다. 우유를 제공하는 건지, 소고기를 제공하는 헤리퍼드, 베이컨을 제공하는 돼지, 계란을 제공하는 닭, 고기를 제공하는 오리와 거위는 물론이고 농장 마당의 고양이들과 잭이라는 이름의 덩치 큰 갈색 개까지. 봄에는 메이플 시럽을 만들고, 여름에는 건초 작업을 나갔으며 일을 마친 뒤에는 애덤스 씨가 우리를 데리고 벌을 치러 갔다. 양봉은 이미 곤충에게 향해 있던 마음을 더 활짝 열게 만들었다.

우리의 주요 임무는 넓은 숲과 들에서 재밌게 놀다가 집에 꿀을 가져오는 것이었다. 실제로 우리는 벌의 소통 방식을 활용해 숲속의 구멍 난 나무에서 벌집을 찾아 꿀을 구해갔다. 하지만 그때는 우리 중 누구도 벌의 소통 시스템이 무엇인지 알지 못했다.

탐구와 추적 본능을 발휘해보기 전에는 어떤 아이도 과학의 수수께끼에 관심을 갖지 않을 것이다. 사회적 영향력에 구속되지 않는 한 인간은 타고난 포식자이고, 특히 아이일 때 그 상태에 가장 가깝다. 포식자는 벌이든 새든 생쥐든 간에(나는 곧 이 모두를 뒤쫓는 성향이 생겼지만) 자신이 뒤쫓는 먹잇감에 대해 잘 알아야 한다. 그 말은 곧 먹잇감의 마음속에 들어간다는 뜻인데, 그러다 보면 어느새 그것들과 공감하게 된다. 나는 지금도 딱정벌레와 애벌레는 물론이며 살아 있는 아기 새를 안고 만지고 싶은 강한 충동을 느낀다. 심지어 죽었을지라도 말이다. 모든 곤충, 새, 포유류가 자연에 대한 강한 흥미를 불러일으켰다. 그러나 아이는 그걸 손으로 붙잡고, 소유하고, 먹고, 가지고 놀고, 자기 수집품에 추가하고, 자랑스럽게 뽐낼 수 있어야 한다. 그래서인지 자연에 대한 내 애정과 유대감은 가을이면 메인주의 무성한 목초지에 만개한 미역취와 아스타 속에서 무럭무럭 자랐다. 그때의 내가 꿈꿀 수 있는 가장 현실적인 미래는 애덤스 씨처럼 농부가 되어 자연 속의 경이로운 생명들과 가까이 지내는 것이었다.

늦가을 무렵 아버지는 피즈 폰드 맞은편에서 1.5킬로미터쯤 떨어진 낡은 농장을 한 채 구입하셨다. 거기서 아버지는 밤이면 박쥐를 사냥했고 낮에 사내 녀석들은 검정우럭을, 밤이면 북미흰농어를 낚았다. 처음으로 거북과 너구리를 본 것도 그곳에서였다. 나는 우리 농장과 애덤스 씨 가족네 집을 수시로 오갔다. 수년 뒤 이웃 필 포터는 "그때 자넨 꽤나 볼만했지"라고 말했다. 항상 맨발로 새총과 흰색 곤충채집망을 들고 다녔기 때문일 것이다. 유리 조각에 베인 발의 흉터는 지금까지 남아 맨발로 돌아다닌 내 과거를 증명한다. 하루는 길가를 따라 걷다가 뒤영벌 둥지를 발견했는데, 벌이 습격하는 바람에 급히 옆으로 피하다가 깨진 맥주병 조각을 밟고 말았다. 마음씨 좋은 동네 의사 허버트 지켈이 치료비를 받지 않고 상처를 꿰매주며 두꺼운 발바닥을 꿰매는 게 얼마나 어려운 일인지 말해주었다. 발바닥은 한하이데 숲으로 돌아가는 내 몸에 새겨진 달리기에 대한 기억이다. 나는 미국 대학에 있는 부모님의 동료분이 발바닥 투사지를 보내달라고 부탁하면서 헌 신발이 들어 있는 생필품 꾸러미를 보낼 때까지 수없이 많은 길을 맨발로 달렸다.

아버지와 어머니는 우리가 정착한 윌턴과 가까운 목공소에서 목재 맞춤 못의 수를 세고 분류해 상자에 포장하는 일을 시작했다. 그 일은 두 분이 전에 하던 일과는 완전히 거리가 멀었다. 먼지가 자욱하고 기계들이 시끄럽게 철커덕거리는 공간에 갇혀 지내는 생활은 견디기 힘들었을 것이다. 가을에 이웃 농장에서 사과를 따는 일을 제외하면 이 마을에는 어머니와 아버지처럼 전문적인 쥐, 박쥐, 새, 곤충 사냥꾼에게 어울리는 일거리가 없었다. 결국 부모님은 미국 박물관에서 근무하던 과거 동료에게 연락해 수집하는 일을 받아왔다. 한번은 캔자스대학교 교수에게서 일감을 받아 미국 남서부와 멕시코에 서식하는 흙파는쥐를 잡으러 다녔는데, 나와 주고받은 긴 편지에서 두 분이 몇 년 동안이나 흙파는쥐의 함정에 대해 말한 걸 보면 아무래도 일을 아주 잘했던 모양이다. 아버지는 하나의 종으로 알려진 한 흙파는쥐가 실은 서로 교배하지 않는 두 종이라는 증거를 발견했고 이 사실을 논문으로 발표하고 싶어 했지만 교수가 허락하지 않았다. 어디까지나 아버지는 그 교수가 받는 연구비로 보수를 받고 일했기 때문이다. 아버지는 그런 교수와 더 이상 함께 일할 수 없다면서 그만두었고 경멸까지는 아니지만 교수라는 직군을 조금은 경계하셨다(이 사건은 훗날 내가 교수가 된 후에 영향을 주었다). 그 교수와 결별한 이후 아버지에게 더 큰 기회가 찾아왔다. 예일대학교 피바디박물관에서 아프리카, 정확히는 앙골라 오지에서 새를 수집하는 장기 원정을 제안받았기 때문이다.

차마 거절할 수 없는 제안이었기에 아버지는 오른팔인 어머니와 함께 떠났다. 나와 마리아네가 집 없는 아이들을 위한 학교로 보내진 게 그때였다. 이런 상황이 좋을 리 없었지만 불평할 수 없었다. 인생이란 그런 것이다. 그러나 당시에는 고등학교를 졸업할 때까지 6년이나 머무를 줄은 몰랐다. 나는 최근에서야 부모님과 주고받았던 편지를 읽으며 당시 상황을 이해하게 되었다. 우리는 정기적으로 서로에게 길고 자세한 편지를 썼고 부모님은 내 편지를, 나는 부모님의 편지를 보관하고 있다가 나중에 서로에게 돌려주었다. 부모님은 처음엔 멕시코, 다음에는 앙골라로 떠난 탐사에서 발견한 것들에 관심을 보였고 반대로 나는 메인의 숲에서 발견한 것에 대해 썼다. 부모님은 미국으로 귀국하는 크리스마스 때만이라도 우리를 집으로 데려오고 싶어 하셨지만 학교 측에서는 돌아갈 집이 없는 다른 아이들을 두고 우리만 예외로 할 수는 없다며 허락하지 않았다. 우리는 학교에서 떠나 있을 기회가 단 한 번도 없었다. 하지만 집에서처럼 나는 최대한 빨리 벌집을 찾았고 그 옆에 앉아 벌들이 색색의 꽃가루를 가져오는 모습을 관찰하며 시간을 보냈다. 나는 학교 벌집을 관리하는 그래프트 선생님과 가까워졌고 벌집이 있는 나무를 발견한 이후로 선생님의 도움을 받아 함께 꿀을 수확했다. 나는 열두 명의 남학생과 사감이 함께 생활하는 오두막 뒤에 보관해두었던 벌집으로 벌들을 옮겼다. 한참 동안은 뛸 필요가 없어 달리기에서 마음이 멀어졌던 게 사실이다. 하지만 당시에는 사소하게 느껴졌어도 돌이켜 보면 아주 중요한 자극이 된 사건으로 인해 나는 다시 달리게 되었다.

나와 마리아네가 농장의 집을 떠나기 전, 하루는 애덤스 씨네 가족과 함께 야생 블루베리를 따러 텀블다운산(지금 살고 있는 메인주의 숲 바로 옆에 있는 산)으로 짧은 나들이를 떠났다. 아직 아기나 마찬가지인 빌리가 뒤처진 걸 보고 나는 그를 번쩍 들어 목말을 태운 다음 길을 따라 달렸다. 애덤스 씨가 웃으면서 '달리기'와 '올림픽'이 들어간 문장을 말했고, 그런 다음 메인대학교의 뛰어난 크로스컨트리 선수였던 한 친척 이야기를 꺼냈다.

분명 달리기는 한 곳에서 다른 곳으로 가는 수단일 뿐 아니라 그 자체로도 의미 있는 행위다. 나는 사물의 가치를 분별해 바람직한 것을 인지할 수 있는 나이에 들어서고 있었다. 성장기의 사회적 단계에 들어선 것이다. 미국으로 이주하며 나는 낯선 곳에서 이방인으로 사는 삶에 적응해야 했다. 이방인은 으레 배제되기 마련이며 자신이 기여하고 가치를 인정받을 수 있는 분야를 찾아내 생계를 유지해야 한다. 애덤스 씨의 말처럼 크로스컨트리는 내가 미국 사회에 진입하는 계기가 되었지만 그 시기가 그렇게 빨리, 또 쉽게 온 건 아니었다.

5

첫 경주

*Nature Bending
and Running*

생체시계까지는 아니더라도 발달단계상의 항목을 재설정하는 일이 생긴다면 그건 다 급격한 환경 변화 때문이다. 열두 살에 기숙학교에 보내져 여동생은 여학생 캠퍼스에, 나는 남학생 캠퍼스에 기약 없이 머물러야 했던 것처럼 말이다. 이민 온 지 얼마 안 돼 영어가 서툴렀는데도 독일어로 글을 쓰는 것이 금지되었고 사감 선생님은 나를 '작은 훈족'이라 불렀다. 나는 아직 정체성을 찾지 못한 채 여전히 숲과 애착 관계에 있었다. 일요일에는 의무적인 교회 예배에 참석했다가 오후가 되면 기숙사와 사감으로부터 탈출해 숲으로 도망쳤다. 억지로 입어야 했던 흰 셔츠, 넥타이, 정장 재킷을 벗어던지고 봄이면 새 둥지를, 여름이면 애벌레를 찾으러 갔다. 버려진 부품을 모아 자전거를 조립했고 마틴

스트림이라는 큰 개천의 웅덩이에서 수영 연습을 했다. 그리고 숲 가장 자리에 있는 소 방목지, 헛간, 작은 제재소 뒤에 은밀히 통나무집을 짓기 시작했다. 그 무렵 나는 잭 런던과 어니스트 톰프슨 시턴의 책뿐만 아니라 초기 박물학 탐험가들이 머나먼 아프리카와 남아메리카 정글로 떠난 원정 이야기를 읽었다. 그 책들은 작지만 훌륭했던 학교 도서관에 있었는데, 희한하게도 도서관 사서는 매번 내가 좋아할 만한 자연 도서들을 권했다.

책은 내게 다른 세상을 열어주었다. 7학년 담임이었던 더넘 선생님은 봄이 되자 다양한 새와 꽃을 찾는 대회를 열었다. 아마 당연히 내가 둘 다 1등이었겠지만, 야생 소년이 된다는 게 그리 대단한 영광은 아니었다. 그때부터 나는 고등학교를 졸업할 때까지 매년 가로 9센티미터, 세로 13센티미터짜리 공책에다 계절에 따른 새와 나무의 변화를 기록했다. 지금 그 노트를 보니 1957년 4월 21일에는 줄무늬올빼미가 알을 품고 있었다. 4월 28일에는 붉은죽지매가 알을 품기 시작했고 아직 나뭇잎은 하나도 돋지 않은 상태였다.

더넘 선생님은 수업 시간에 좋은 책들을 읽어주었다. 통나무집의 에이브러햄 링컨에 관한 책도 있었고, 『톰 아저씨의 오두막Uncle Tom's Cabin』이라는 남부 노예에 관한 책도 있었다. 그러나 가장 생생하게 기억나는 건 글렌 커닝햄 이야기다. 글렌 커닝햄은 불을 끄려다가 물이 아닌 휘발유를 들이붓는 바람에 화상을 심하게 입었다. 상처가 깊었던 탓에 모두가 다시는 걷지 못할 거라 했지만 커닝햄은 훌륭한 달리기 선수가 되었을 뿐 아니라 미국 중거리달리기 챔피언이 되었다. 달리기에는 사람을 바꾸는 고귀한 힘이 있다. 고등학교 2학년이 되어 마침내 크로스컨트리 팀에 지원할 기회가 주어졌을 때, 나는 비로소 옛날에 애덤스 씨가 한 말을 떠올렸다.

그해 여름 나는 가끔씩 넓은 숲으로 둘러싸인 등산길을 달리며 몸의 움직임, 격렬한 활동, 회복의 쾌락을 느꼈다. 또래 남자아이에 비해 작고 말랐기 때문에 학교생활이 불리했지만 인기 있는 가을 스포츠인 크로스컨트리 팀에 가입해 자존감을 키웠다.

크로스컨트리 달리기를 하려면 먼저 길 위에 표시된 출발선 뒤에 서서 심판의 외침을 기다려야 한다. "제자리에!" 잠시 후 "준비!" 다시 잠깐의 정적이 흐른 다음, 심판이 "출발!"이라 외친다. 기록관은 선수가 출발할 때 초시계를 누르고 결승선을 통과할 때 다시 한번 눌러 기록을 잰다. 특별한 장비나 특권이 있어야 배울 수 있는 화려한 기술도, 정해진 키나 몸무게 조건도 없다. 그저 시계 하나로 측정될 뿐이다. 여기서는 모든 선수가 다른 선수와 똑같은 위치에 선다. 오로지 자신이 성취한 기록으로만 판단되며 누구도 거기에 토를 달 수 없다. 자기가 얻은 것은 자기가 지켜야 한다.

우리는 1~2주의 훈련 후에 첫 경기를 했다. 이웃 마을 워터빌고등학교 팀과의 경기였다. 점수는 팀별로 개별 주자가 획득한 득점을 합산해 계산했다. 일찍 완주한 사람일수록 점수가 낮았다. 결승선에 1등으로 들어온 사람이 1점, 2등이 2점, 3등이 3점, 그런 식으로 점수를 주고 모든 팀원의 점수를 더하는 것이다. 그렇게 인생 첫 경주에서 나는 우리 팀의 세 번째, 전체 20명 중 5등을 해 5점을 얻었다. 나는 봄이면 새와 식물의 변화를 기록하던 공책을 뒤집어 달리기 기록을 적기 시작했다. 첫 장의 제목은 "1957 크로스컨트리 데회(맞춤법 틀림)"였고, 첫 기록은 "1. 워터빌고등학교. 팀에서 3등, 전체 20명 중 5등"이었다. 이어서 그 시즌 나머지 여덟 번의 경기에 대한 기록도 써 있었다. 나머지는 워터빌고등학교와의 경기와 비슷했고, 시즌의 마지막인 아홉 번째에 나는 팀에서 2등, 전체 105명 중 16등을 했다.

대단한 성적은 아니었지만 그래도 꽤 높은 등수에 든 셈이었다. 노트에 팀의 승패는 적혀 있지 않았다. 그건 별로 중요하지 않았다. 내가 전체에서 몇 등을 했는지가 중요했다. 다른 팀과의 경기에서 최소한 부끄럽지 않은 성적은 올렸지만 심적으로 아직 우리 팀에 완전히 소속되지는 못한 상태였다. 내 몫을 제대로 해냈다는 생각이 들지 않았기 때문이다. 나는 신체 발달에 비해 사회성 발달이 뒤처진 편이었는데, 그도 그럴 것이 자격을 제대로 갖추지 않으면 남에게 줄 수 있는 게 없지 않은가. 하지만 노력한 만큼 성과가 주어지는 일을 시도해볼 수 있는 기회가 생겼다. 나에게는 고등학교에서의 마지막 학년인 다음 해에 한 번 더 도전할 기회가 있다는 것만으로 충분했다. 나는 다음 달리기를 고대했다.

한편 우리는 모두 일을 해야 했다. 당시 나는 바닥 쓸고 닦기, 창턱 먼지 닦기를 시작으로 설거지, 기숙사 주방장, 외양간에서 젖 짜는 일을 맡아가며 5년간 일했다. 겨울에는 가끔씩 장작을 모으거나 닭 잡는 일을 포함해 농장 잡일을 돕기도 했다. 그러던 어느 날, 행운이 찾아와 꿈의 직업인 우편배달부가 되었다.

우편배달부는 하루에 한 번씩 프레스콧 행정 건물에서 큰 가죽 가방에 담긴 우편물을 받아다가 1.5킬로미터쯤 떨어진 힝클리우체국까지 배달하는 일을 했다. 다가오는 크로스컨트리 시즌을 생각하며 나는 일부러 자전거를 타지 않고 우편 가방을 든 채 뛰었다. 우체국장 레프티 굴드는 나를 무척 좋아해서 우체국에 사람이 별로 없을 때, 우편 작업 공간과 서비스 공간을 분리하는 작은 창문 밖으로 몸을 내밀며 말을 걸곤 했다. 굴드 씨는 자신이 전쟁 때 펼친 활약상을 이야기해주었다. 그는 오로지 권투와 낙하산 부대원이 되는 일에만 관심이 있을 뿐 내가 어느 나라 사람이든, 예수 그리스도를 믿든 안 믿든 개의치 않았다. 굴드 씨는 내가 작은 독일인 꼬마라는 걸 알았고 때로 작은 유대인 꼬마라고 불린다는 것도 알았다. 나는 둘의 차이를 알지 못했지만 어차피 둘 다 좋은 소리는 아니라고 생각했다. 특히 베니였던 시절에는 '작은'이라는 수식어가 아주 듣기 싫었다. 그치만 운동선수가 되는 건 좋았다. 그건 진짜 무엇인가가 되는 거니까.

최근에 다시 꺼내본 반 친구들과 찍은 옛날 사진 속에는 깡마르고 뼈만 남은, 미래라고는 보이지 않던 열일곱의 내가 있었다. 나에게는 오직 현재뿐이었으며 일할 때가 아니면 새 둥지나 애벌레를 찾아서 관찰하고, 올빼미와 멧도요가 하늘에서 춤추는 걸 보고, 습지에서는 거북을 찾거나 낚시를 하고, 새를 손에 올리고 노는 게 다였다. 고등학교 3학년이 될 때까지 미래는 전혀 보이지 않았다.

한편, 나는 자연에서 일어나는 일들을 기록하기 위해 내 작은 자연 공책을 다시 뒤집었다. 기록은 5월 3일부터 시작되었다. "검은오리가 산란하고 있음", "참매가 알을 품고 있음." 이어서 5월 19일에는 "산적 딱새 알이 일부 부화했다. 어린 까마귀와 비둘기가 깃털이 났다"고 쓰여 있었고, 그렇게 기록은 7월까지 계속됐다. 그러다 마침내 9월에 3학년이 되어 두 번째이자 마지막 크로스컨트리 시즌에 등록했다. 1958년의 기록을 이어나가기 위해 나는 다시 공책을 뒤집었다.

이번에도 첫 경기는 워터빌고등학교와 붙었지만 다른 점이 있다면 학교 대표 팀과의 경기였다. 지난 가을 시즌 말에 메인대학교에서 열린 메인주 대회에서 좋은 성적을 거둔 강팀이었다. 그때부터 나는 일지에 일등부터 시작해 소속 팀에 상관없이 5등까지의 선수들 이름을 적었을 뿐 아니라 팀 스코어까지 기록했다. 그 경기에서 1등부터 5등까지를 차지한 선수는 하인리히, 베일레악스, 진스, 호킨스, 피어스였다. 첫 번째 선수인 나만 굿윌 비버 학생이었다. 굿윌 비버는 놀 땐 놀고 일할 땐 일하자는 우리 학교의 마스코트였다. 내가 어느 쪽이었는지는 잘 모르겠지만 아마 둘 다였지 싶다. 왜냐하면 노는 것과 일하는 것 모두 아주 즐겁고도 놀라운 경험이었기 때문이다.

내가 최고점인 1점을 얻었는데도 워터빌은 21대 40으로 우리를 완파하고 말았다. 이 맞대결에서 팀 점수는 형편없었지만 내 승리는 팀과 학교에 좋게 비쳐졌다. 나는 예상 밖의 승리를 거뒀고 동료들은 함께 기뻐했다. 이 경험 덕에 나를 위해 하는 일이 곧 동료를 위한 일임을 깨달으며 가치관이 달라지기 시작했다. 육상 팀에 소속된다는 건 공동의 관심과 목표를 공유하는 것이었다. 이 경험은 마음과 영혼의 집이 되었고 수동적으로 부여된 것이 아닌 적극적으로 얻어낸 기억을 선사했다.

그 시즌에 12번의 경기가 더 열릴 예정이었고 나에게 기대가 쏟아졌다. 우체국장 굴드 씨는 내가 지역 신문인 《워터빌 센티넬》에 실렸다고 알려주었다. 그는 책상 뒤에서 신문을 꺼내 보여주었다. 그의 말대로 "벤 하인리히가 다시 한번 승리를 거머쥐다"라고 써 있었다. 그건 누구도 부여하거나 주거나 빼앗아갈 수 없는 내 힘으로 이뤄낸 것이었다. 전직 운동선수이자 군인이었던 굴드 씨는 달리기가 얼마나 힘들고 어려운 일인지 누구보다 잘 알았다. 세계 권투 챔피언이 되려던 그의 꿈은 전쟁에서 심한 부상을 입고 병원에 누워 있던 몇 개월 동안 끝나버렸다. 의사는 그에게 다리를 절단하라고 권하면서 "수술하지 않으면 죽습니다"라고 말했고, 그는 "그렇다면 죽겠소"라고 대답했다. 결국 굴드 씨는 수술을 받지 않았지만 살아남았다. 권위에 저항한 굴드 씨의 행동은 내게 용기를 주었다.

나는 졸업과 동시에 달리기도 끝이라고 생각했다. 대학에 가지 않는 한 달리기를 계속한 사람을 보지 못했기 때문이다. 물론 내가 대학에 갈 가능성은 거의 없었으며 갈 거라는 생각조차 감히 하지 않았다. 그러나 일이 묘하게 진행되는 가운데 교장인 윈프레드 켈리의 발언 이후 상황이 반전되었다. 전에는 한 번도 켈리 교장의 총애를 받아본 적이 없었다. 특히 몇 주 전만 해도 그가 차를 타고 나를 쫓아와서는 목덜미를 붙잡고 엉덩이를 걷어찬 전례가 있었다. 그리고 우편물을 찾으러 가서 우체국장 굴드 씨에게 씩씩거리며 "저 작은 독일 놈이 다리를 폭파하려 했다"고 말했다. 모두 내가 벌인 화학 실험 때문이었다.

그날 우리는 선생님이 돌아가면서 화학 교과서를 큰 소리로 읽으라고 시킨 탓에 지루하던 참이었다. 차례가 돌아오기 전에 나는 옆에 앉은 페이에게 사귀자고 적은 쪽지를 건넸다. 설령 사귄다고 해도 상징적일 뿐이었다. 어차피 남학생과 여학생은 서로 다른 캠퍼스에서 지냈기 때문이다. 어쨌거나 페이는 쪽지에 "YES"라고 써서 돌려주었고 나는 뛸 듯이 기뻤다. 수업이 끝난 뒤 나는 교실 구석에 있는 한 상자에서 아주 오래전 화학 수업 시간에 쓰고 남은 듯한 화학약품 병과 시약병을 발견했다. 담당인 러셀 선생님에게 물었더니 황에다 초석과 숯(그렇게 말씀하셨던 것 같다)을 섞으면 화약이 된다고 말씀해주셨다. 페이와 사귄 날을 기념하는 폭죽을 만들고 싶었던 나는 필요한 재료를 모두 찾아냈다. 선생님은 "좋아, 하지만 교장 선생님이 모르시게 해"라고 주의를 주셨다. 나는 학교에서 하지 않을 테니 걱정 마시라 말하고는 다양한 시료를 섞어 나무로 만든 작은 병에 부은 다음, 심지로 사용할 왁스 코팅된 실을 넣었다. 불을 붙이면 그냥 타고 말까, 아니면 폭발할까? 나는 점심시간을 틈타 학교 건물에서 100미터쯤 떨어진 개울 위의 시멘트 교각에 병을 설치했다. 분명 주변에 아무도 없는 것을 확인하고 심지에 불을 붙였다. 몇 초간 심지가 지글거리며 타고 있는데 하필 그때 켈리 교장 선생님이 점심을 먹으러 차를 몰고 나가는 게 아닌가. 심지는 끝까지 타들어갔고 교장 선생님의 차가 오는 것을 보고 놀라 길 아래로 뛰어 내려가던 바로 그 순간, 약병에서 길고 푸른 불꽃이 뿜어져 나왔다. 결국 교장 선생님은 단박에 나를 따라잡았다.

　몇 주 뒤, 모든 일은 용서는 물론이고 아예 없던 일이 된 것 같았다. 평소와 똑같은 아침 조회 시간, 우리는 늘상 하듯 고개를 숙이고 주기도문을 외우면서 아침 예배를 드렸다. 그런 다음 단상 옆 국기를 향해 서서 오른손을 가슴에 올리고 국기에 대한 맹세를 외치며 애국심을 고취했다. 사실 내게는 화학만큼이나 이해하기 힘든 행위였다. 우리를 훌륭한 사람으로 자라게 하려는 의도였겠지만 나는 이미 우리나라, 특히 메인주를 사랑했고 자연도 사랑했다. 내게 자연은 신이나 다름없었다.

의례가 끝난 후, 갑자기 켈리 교장 선생님이 일어서서 단상으로 가더니 평소처럼 공지 사항을 말했다. 그리고는 마지막으로 교내 크로스컨트리 팀이 다시 한번 승리했다는 소식을 알렸다. "벤이 다섯 번 연승했습니다. 그는 이제 에이스입니다!" 바로 그것이었다. 달리기로 교장 선생님의 마음을 얻어낸 것이다. 나는 이제 야생 소년이라는 호칭에서 벗어나 과거의 나보다 훨씬 훌륭한 에이스가 되었다.

사람들의 칭찬에 한껏 우쭐해졌고 불가능한 일에 도전할 마음이 생겼으며 실제로 해내기도 했다. 나는 이후 있었던 네 번의 경기에서도 우승했다. 《워터빌 센티넬》 스포츠난의 머리기사는 "힝클리의 승리를 이끌며 하인리히가 신기록을 세우다"라고 보도했다. 파밍턴주립교대와의 경기에서 19대 44로 승리를 거두며 나는 9회 연속 크로스컨트리 대회에서 우승했다. 우리 팀은 크게 앞섰다. 나는 "4.3킬로미터 코스를 14분 30초에 완주하며 내 이전 기록을 14초 단축했다"라고 적었다. 성취에는 보상이 따라왔다. 켈리 교장 선생님이 내 어깨를 두드리면서 말했다. "벤, 너는 대학에 갈 재목이다." 나는 18세였고 그렇게 인생의 다음 단계는 대학이 되었다.

그 무렵 내 영어 실력은 나쁘지 않았지만 대학에 갈 정도는 아니었다. 멕시코든 앙골라든 다른 어디에 계시든 부모님과 수시로 주고받는 편지에서 성적은 자주 이야깃거리가 되었다. 학교에서는 내가 관심 있는 것들을 가르쳐주지 않았고 심지어 언급되지도 않았다. 단, 목공 수업은 예외였다. 담당은 기술을 가르치는 필 토울 선생님이었는데, 퀘이커 교도인 그는 내 소울메이트이자 멋진 친구가 되었다. 토울 선생님에게 배우면서 나는 짓고 만드는 일을 사랑하게 되었다. 북엔드, 액자, 궤등을 모두 나무로 만들었고 직접 만든 작품은 전부 크리스마스 선물로 나누어줬다. 목공장은 내가 제일 좋아하는 곳이었다. 돌아보면 왜 그랬는지 알 것 같다. 에너지가 넘쳤지만 갇혀 있을 수밖에 없던 내게 뭔가를 만든다는 건 하나의 탈출구였다. 토울 선생님은 내가 창의적이라 했고 나 외에도 다른 남학생 둘을 또 다른 탈출구로 초대했다. 우리는 선생님과 함께 케네벡강을 따라 캠핑을 갔는데, 강가의 커다란 소나무 아래에 있는 아주 색다른 서식지였다. 그 오두막에서 난생처음 집굴뚝새의 둥지를 발견하고 무척 신이 났었다.

즐기고 탐구하는 게 그 나이대의 가장 중요한 욕구지만, 곧 "앞으로 커서 뭐가 될래?"라는 질문을 받는 순간이 오기 마련이다. 아버지는 내가 의대에 진학해 선박에 상주하는 의사가 되어 넓은 세상을 보고 다니면 좋겠다고 말씀하셨다. 그러나 내 꿈은 부모님이 소유한 농장에 사는 것이었다. 그곳에서 농사를 짓고, 가을에는 사슴을 사냥하고, 봄과 여름에는 가까운 연못과 개울에서 낚시를 하고, 벌을 치고, 메이플 시럽을 채취하고, 취미 삼아 곤충 수집을 하며 사는 내 모습을 상상했다. 당시 나는 고등학교 2학년 때 학교에서 쫓겨났을 때처럼 언제든 숲으로 갈 수 있었다. 그 무분별한 행동은 분명 잘못된 결정이었지만 이를 통해 감정은 이성을 누를 정도로 강하다는 게 증명되었다. 다행히 그 감정은 훗날 달리기에서 긍정적으로 활용되었다. 그 사건이 있고 난 뒤 나는 일 년 동안 집에 머물렀고 내가 살던 월턴의 고등학교에서 스키 팀에 도전했다. 나는 크로스컨트리 스키 실력이 좋았는데, 그것이 크로스컨트리 달리기로의 궤도를 잡아주었다.

발달 과정의 과도기가 되면 대부분의 동물이 부모에게 거리를 두고 흩어지면서 탐험을 통해 자신의 지평선을 넓혀가지만 자기 종족이 적응한 서식지에서 크게 벗어나지는 않는다. 이에 비해 인간은 선택과 행동을 하는 데 마음이 중요한 영향을 미치기 때문에 좀 더 유동적이다. 아버지는 언젠가 자신이 집을 비울 때를 대비해 말벌 수집품을 맡기려고 나를 훈련시켰지만 방랑벽이 있던 나는 거절했다. 중세 유럽에서는 젊은이들이 집을 떠나 최소 일 년 이상 세상을 돌아보는 것이 관례였다. 대학 진학도 세상 밖으로 나와 새로운 신호와 영향력을 만나고, 전에는 상상하지 못했던 지평선으로 향하는 새로운 길이 될 터였다. 대학이 그 입장권이 될지도 몰랐다. 가서 자연을 배운 다음 다시 농장으로 돌아와 자연에 둘러싸여 살아도 될 일이었다.

그때까지 나는 늘상 숲에 나가 있으면서 모든 계절과 모든 상태의 숲을 보았다. 그리고 언젠가는 한 나무에 관한 책을 쓰리라는 비밀스러운 생각을 키웠다. 이미 마음에 둔 나무도 있었다. 아주 오래된 거대한 솔송나무인데, 커다란 줄기의 절반 높이에 도가머리딱따구리가 파낸 구멍이 벌이 지내기에 적합해, 가을이면 벌들이 미역취가 핀 무성한 들판까지 꾸준히 줄을 지어 들락날락했다. 그 나무는 겨울이면 딱따구리가 파낸 구멍에 왕개미가 집을 짓고 사는 마법의 보물 상자였다. 애벌레와 진딧물이 이 나무의 잎을 먹고 살았고 딱정벌레 유충은 나무의 죽은 부위에 구멍을 뚫었다. 큰솜털딱따구리는 딱정벌레 굼벵이를 잡고 솔잣새는 씨앗을 먹으러 나무 위에서 내려왔다. 내가 계속 농장에 살았다면 매달 몇 주는 이 나무에서 보내며 하나도 빠짐없이 살핀 끝에 책을 썼을 것이다. 그러면 평생의 역작이나 유산이 되었겠지 싶다. 그렇다. 나는 그 나무의 이야기, 한 나무 안에 있는 군집 전체의 이야기를 썼을 것이다. 독일의 집 보로브케가 폴란드령이 된 후에도 아버지와 선조들이 몇 세대 동안 살았던 것처럼 나도 저 농장 집에서 영원히 머물렀을 것이다. 나는 우리의 새로운 농장을 천국인 양 좋아했고 다른 곳에 간다는 생각은 품어본 적조차 없었다. 그렇다고 교육을 받지 않겠다는 건 아니었다. 나는 내가 번 돈으로 예일대학교, 보든대학교, 베이츠대학교, 오로노의 메인대학교에 지원했다. 취업을 위해서가 아니라 배우기 위해서 말이다.

예일, 보든, 베이츠에서 불합격 통지가 속속 도착했고 결국 내가 갈 대학은 메인대학교로 결정되었다. 그곳은 당시에(그리고 지금도) 산림학과로 유명했다. 나무와 숲을 배우는 학과라 괜찮을 것 같았다. 더 좋은 소식은 메인대학교에 훌륭한 크로스컨트리 팀이 있다는 것이었다. 하지만 대학에서 온 합격 통지서에는 장학금이나 달리기와 관련된 내용이 없었다. 나는 말 그대로 땡전 한 푼 없었고 그건 부모님도 마찬가지였다. 아버지는 평소 장부에다 우표(당시 3센트) 하나까지 어디에 썼는지 모두 적어두는 사람이었기에 나도 가계부를 적어 불필요한 물건은 사지 않기를 바랐다. 나는 일자리를 얻고 싶어 근처 블루마운틴 주립 공원에서 쓰레기통을 비우는 여름 아르바이트 자리에 신청했고 담당 매니저를 만나러 갔다. 몇 살이냐 묻는 매니저의 질문에 나는 "열일곱이요"라고 대답했지만, 그는 "아닌 것 같은데"라고 하더니 나를 돌려보냈다.

6

크로스컨트리 달리기

College
Horizons

시계나 달력을 보고 시간을 지키는 행동은 사람을 규칙적으로 만들고, 시인 로버트 프로스트의 시 「가지 않은 길The Road not Taken」에 나오는 것같이 풀이 무성하고 사람들이 다니지 않은 길이 아닌, 어쨌든 누군가 가본 적이 있는 길로 가게 한다. 어느 쪽을 택하든 최소한의 규칙을 강제할 필요는 있다. 우리가 사는 환경에는 많은 굴곡과 난관이 있기 때문이다. 다른 동물은 대부분 타고난 전문종으로 살아간다. 개체로서는 죽고 사는 문제지만 한 종으로서는 번식을 늘려 특정한 결핍을 보완하는 것이다. 시간이 가하는 많은 제약은 다른 길을 택하거나 문제가 해결될 때까지 무작정 기다리는 방식으로 벗어날 수 있다. 내 첫 취업 시도는 실패했지만 다른 기회가 찾아왔다. 그건 다 평소에 애벌레를 잡고 다닌 덕분이다(지금도 그렇지만). 나는 산누에나방과 박각시나방 애벌레를 유난히 좋아했는데 바깥에서 이 녀석들을 찾기란 여간 어려운 게 아니었다. 저 애벌레들을 반려동물처럼 기르면서 전혀 다른 모습으로 변신하는 과정을 지켜보는 건 즐거운 일이었다. 그건 어렵지도, 돈이 들지도 않았다. 오래된 방충망으로 우리를 만들고 처음 봤을 때 먹고 있던 잎을 주기만 하면 되었다.

재밌는 일을 하면서 돈도 벌 기회를 얻게 된 건 어찌 보면 아버지 덕분이다. 아버지는 메인주의 나이 든 곤충학자인 오번 E. 브라우어 박사와 친분이 있었는데, 그분의 주 관심사가 나방이었다. 브라우어 박사는 가끔 우리 농장에 들러 특히 흐린 날 저녁이면 집 한쪽 벽에 흰 천을 고정하고 그 앞에 등을 환히 켜두곤 했다. 그러면 온갖 종류의 나방이 날아와 천 위에 앉았다(원래 나방은 인공적인 불빛에 끌리지 않지만, 비행 중에 달이나 별이 아닌 등불을 방향키로 삼는 바람에 몸을 돌려 나선형을 그리며 돌진한다). 나는 그중에서도 유난히 크고 통통한 박각시나방이 도착하는 모습을 좋아했고 결국 그 분류군을 수집하기 시작했다. 박각시는 나방 중에서도 단연 카리스마가 돋보인다. 커다란 몸집과 정지 비행 기술 때문에 얼핏 보면 벌새처럼 보이기도 한다. 브라우어 박사는 나방광으로서의 내 자질을 보고 나방을 잡아 돈을 버는 일자리를 주선해주었고 나는 고등학교를 졸업한 여름에 미국 농무부 소속으로 일하게 되었다.

그 일을 하려면 메인주의 먼 북부까지 가서 공무용 픽업트럭을 몰고 다니며 숲을 훑어야 했다. 다행히 이웃인 포터 씨의 농장에서 일하며 막 운전을 배운 참이라 그의 오래된 고물 픽업트럭을 몰고 건초를 수집하며 들판을 돌아다니곤 했다. 나는 메인주에서도 가장 북쪽에 위치한 아루스투크 카운티로 가서 도로를 따라 1.6킬로미터 간격으로 나방 트랩을 설치했다. 오직 매미나방이라는 한 종을 잡기 위한 트랩이었다. 그것도 수컷만. 트랩에는 깔대기처럼 생긴 입구가 있고 그 안에 암나방 냄새가 밴 패드가 들어 있었다. 수나방은 냄새를 따라 트랩까지 와서 암나방이 있는 줄 알고 들어갔다가 안쪽 벽에 발라놓은 끈적한 접착제에 철썩 들러붙어버리고 만다.

나방 트랩을 설치한 목적은 나무를 고사시키기로 악명 높은 이 생물의 분포 지역을 파악하기 위해서였다. 나방이 발견되면 메인주 산림청에서 항공기로 해당 카운티에 DDT를 살포한다. 북부 지역 산림의 상당 지역에는 이미 가문비나무잎말이나방 때문에 살충제를 뿌린 상태였다. 가문비나무잎말이나방 애벌레는 가문비나무와 전나무를 고사시켰다. 반면 매미나방 애벌레는 활엽수를 먹잇감으로 삼았다. 살충제를 살포하면 폭발하던 나방 개체군이 성장을 멈추긴 했지만 아직 제대로 밝혀지지 않은 것은 나방 개체군이 살충제를 뿌리지 않더라도 박살났을 거라는, 그것도 더 빠르고 영구적으로 붕괴했을 거라는 사실이다. 왜냐하면 애벌레의 개체 밀도가 높을 때는 그 안에서 바이러스성 질병이 들불처럼 퍼지고, 개체 밀도가 낮을 때는 맵시벌 같은 기생체나 새 같은 포식자가 활발해지기 때문이다. 그러나 살충제를 뿌리면 원래의 목표물은 물론이고 이런 천연 방제제까지 덩달아 제거된다.

나는 훌턴이라는 마을에 방을 하나 빌렸고 여름내 사람과는 거의 만나지 않으며 북부의 숲에서 혼자 일했다. 정부가 주는 월급을 받으려면 트랩에서 트랩으로 하루 종일 운전해야 했다. 1.6킬로미터에 한 번씩 트랩 앞에 차를 세우고 내려서 트랩을 확인한 다음, 다시 트럭을 몰고 1.6킬로미터를 이동하는 식이었다. 나는 1학년 때부터 메인대학교 크로스컨트리 팀에 들어갈 요량이었으므로 미리 달리기 연습을 하고 싶었다. 그게 내가 그 학교에 들어간 가장 큰 이유 중 하나였으니까. 온종일 일에 얽매이다 보니 달릴 시간이 없었지만 그 와중에 일과 달리기를 병행하는 방법을 찾아냈다. 바로 일부러 트랩에서 100미터 멀리 주차한 뒤 달려가서 확인하고 돌아오는 것이었다.

여름이 끝날 때까지 트랩에서 나방을 한 마리도 못 찾긴 했지만 멋진 여름이었다. 매미나방을 처리하기 위해 메인주 북부에 살충제를 뿌릴 필요가 없다는 사실을 증명한 셈이었다. 또 대학 등록금의 대부분을 마련했고 크로스컨트리 달리기를 위한 몸을 만들 수 있었다. (잠깐 과학의 중요성에 관한 과거의 교훈을 덧붙이자면, 예전에 DDT는 벌레 방제를 위한 무해한 만병통치약으로 적극 홍보되었지만 이후 장기적으로, 특히 새의 번식에 굉장히 유해한 것으로 밝혀졌다. 만약 계속 사용되었다면 많은 조류와 그중에서도 독수리, 매, 송골매 같은 맹금류가 전멸했을 것이다. 나는 메인주의 숲에서 지난 30년간 매년 매미나방 애벌레를 보았지만 일부러 찾아다녀야 할 만큼 흔치 않았다. 살충제를 뿌리지 않았어도 나무를 고사시키는 수백 종의 나방 중 어느 종도 수가 크게 불어난 적이 없었다.)

긴 여름을 홀로 보낸 나는 집으로 돌아와 잠시 머물렀고 대학에 갈 생각에 들떠 있었다. 마침내 입학 날이 되었고 벗이자 이웃이자 낚시와 사냥 파트너인 포터 씨가 대학이 있는 오로노까지 태워다주며 내가 배정된 한니발 햄린 홀 기숙사 앞에 내려주었다.

중요한 일부터 처리해야 하는 법. 나는 대학 실내 체육관을 찾아가 크로스컨트리 달리기와 육상 코치를 맡은 에드먼드 스타이나에게 인사부터 했다. 코치(우리 주자들과 다른 남자 육상 선수들은 4년 내내 그를 그렇게 불렀다. 참고로 당시 대학에 여성 육상 팀은 없었다)는 벙글벙글 웃는 얼굴에 스포츠머리를 한 키가 큰 사람이었으며 과거 뉴잉글랜드 해머던지기 챔피언이었다. 나는 크로스컨트리 달리기를 하고 싶다 말했다. 코치는 나를 다정하게 맞아주며 창고에 데리고 가서 면으로 된 회색 기본 웜업 팬츠, 민소매 셔츠, 작스트랩, 검은 컨버스 신발, 밑창이 얇은 러닝 슈즈를 챙겨주었다. 나는 서둘러 유니폼으로 갈아입고 실내 체육관 옆에 있는 800미터 트랙 코스에서 달리기 시작했다. 달리기를 마친 후 몸을 식히려고 체육관 2층의 체력 단련실로 갔는데 마침 풋볼 선수들이 바벨을 들어 올리고 있었다. 나는 소한테 주는 사료 자루나 들어봤지 바벨은 다뤄본 적이 없었기 때문에 한번 시도해보고 싶었다. 내 앞의 덩치 큰 사내는 허리를 굽히고 등이 바닥과 수평한 상태에서 바벨을 들어 올렸다. 신기한 마음에 그를 따라한 건 돌이킬 수 없는 실수였다. 갑자기 참을 수 없는 통증이 허리에서 한쪽 다리까지 이어졌다. 교내 보건소 그레이브스 의사는 요추 디스크가 파열되어 다리로 가는 신경을 누르고 있다는 진단을 내렸다. 그렇게 고대하던 달리기 선수 생활이 시작도 하기 전에 끝날 판이었다.

등을 똑바로 유지하기 위해 한 달을 널빤지 위에서 잤는데도 나아질 기미가 보이지 않았다. 당시 모든 남학생에게 의무였던 ROTC 훈련이 너무나 고역이었다. 몇 달이 지나도 차도가 없자 나는 뱅고어의 척추 전문의에게 보내졌다. 그에게도 딱히 뾰족한 수는 없었고 그저 수술은 위험하다고만 했다. 그것도 모자라 그는 산림학 말고 신체 활동이 필요하지 않은 다른 전공으로 바꾸는 것까지 권했다. 달리기에 사형선고를 내린 셈이었다. 하지만 한편으로는 공부밖에 할 게 없었다는 점에서 마음대로 움직일 수 없는 상황이 긍정적이기도 했다. 주립대학인 메인대학교는 입학은 쉽지만 퇴학률이 높은 학교였다. 퇴학생 중에는 안타깝지만 나와 같은 해에 입학한 친구도 있었다. 우리 고등학교 동급생 열두 명 중 차석이었는데도 말이다.

다행히 크리스마스 무렵부터 통증이 잦아들기 시작했다. 그때는 방학을 집에서 보내며 포터 씨 덕분에 족제비잡이에 관심을 가졌다. 그는 젊은 시절 메인주 북부 와이토핏록에 있는 벌목장에서 삼나무를 베어 철도의 침목을 만드는 일을 하며 부업으로는 덫을 놓고 족제비를 잡아다가 가죽을 팔았다. 당시는 족제비 가죽이 꽤나 수요가 있었다. 포터 씨는 덫을 만들어 설치하고 미끼를 놓는 법과 족제비 가죽을 처리하는 법을 알려주었다. 덫을 놓는 건 숲에 갈 수 있는 일이기에 낭만적이고 재미있었다. 숲에 가면 살아 있다는 기분이 들었다. 덫을 관리하기 위해 숲과 들판을 다니며 가볍게 움직인 덕분인지, 놀랍고 행복하게도 다리 통증이 줄어들었다.

봄 학기가 되어 캠퍼스로 돌아온 나는 산림학과의 야생동물학부 지도 교수인 맬컴 콜터를 만났다. 콜터 교수는 족제비과에 속하는 피셔 전문가였다. 나는 그에게 이 지역에서 흔한 긴꼬리족제비와 북방족제비를 비롯해 여러 소형 포유류를 잡아본 경험이 있다고 말했다(마무샤가 그것들로 박물관 표본을 만들었다). 콜터 교수는 내가 덫을 놓고 족제비를 뒤쫓으며 보고 배운 것을 이야기하자 관심을 보였다. 나는 청설모와 날다람쥐는 물론이고 첨서속과 아메리카짧은꼬리땃쥐속, 사슴쥐속, 대륙밭쥐속 설치류들을 보았으며 눈 위에서 이들의 서식지와 관련된 패턴을 읽었다는 이야기까지 전했다. 놀랍게도 콜터 교수는 이 내용을 정리해 《메인 필드 내추럴리스트》라는 학술지에 연구 소논문으로 투고해보라고 독려해주었다. 더 놀라운 사실은 고작 대학교 2학년일 때 「파밍턴의 족제비Weasels in Farmington」라는 제목으로 정말 논문이 채택되었다는 것이다. 파밍턴은 관찰 지역에서 가장 가까운 큰 마을의 이름이었다.

이로써 나는 내 이름으로 나온 논문도 갖게 되었다. 그것도 과학의 냄새가 물씬 풍기는 내용으로 말이다. 달리기도 조금씩 진전이 있었고 덕분에 논문도 쓰게 되었다. 이로써 미래에 다른 씨앗이 뿌려진 셈이었다. 이제 달리기는 진정한 제짝, 그러니까 살아 있는 자연을 연구하는 생물학과 연결되었다. 그러나 넘치는 자부심을 주던 이 논문이 수치스러워 한동안 이력서에서 빼버린 적도 있었다. 어떤 계기로 생명과학이란 파밍턴의 족제비가 감히 범접할 수 없는 분자적 학문이 되어야 한다고 믿게 되었기 때문이다(더 시간이 흐른 뒤에는 자연과의 직접적인 접촉이 선택의 문제이며 가장 귀하고, 독창적이고, 달콤한 열매의 원천이 될 수 있다는 걸 깨달으면서 다시 당당하게 이 첫 논문을 내 논문 목록 맨 위에 올려놓았다).

한편 달릴 수 없다는 좌절에서 오는 힘겹고 고통스러운 압박이 1학년 내내 쌓여갔다. 세상에 바로 눈앞에서 빼앗긴 것보다 더 소중하고 간절한 건 없었다. 학업에 매진하고 교내 아르바이트로 바쁜 나날을 보내면서도 달리기에 대한 열정은 사그라지지 않았다. 나는 학교 식당과 학생회관의 베어스 덴이라는 카페에서 일했는데 학생들이 떼 지어 몰려와 커피를 마시곤 했다. 어쨌거나 나는 공부에 힘을 쏟았고 덕분에 일부 과목 학점은 B를, 가끔은 A도 받았다. 당시로는 나름 자랑할 만한 성적이었지만 그렇다고 아주 특별한 건 또 아니었다. 우리 학교 육상 팀과 크로스컨트리 팀은 교내에서 활동하는 팀 중에서 평균 학점이 가장 높았기 때문이다. 나는 달리기를 하지 않았으니 다른 팀원들보다 시간이 많았다. 아무튼 나는 여전히 달리는 꿈을 꾸었고 마침내 여름이 되면서 서서히 능력이 돌아오는 걸 느꼈다. 여름방학에는 다시 학과에서 일자리를 얻었는데 저번보다 더 북쪽에 있는 알라가시 지역에 가야 했다. 대신 혼자가 아닌 다른 네 명의 메인대학교 산림학 전공 학생들과 함께 제지 회사인 인터내셔널 페이퍼에서 일했다.

우리가 맡은 일은 길고 평행하게 숲을 가로지르며 빨간색 스프레이로 벌목꾼이 베어낼 나무를 선별해 표시하는 작업이었다. 벌목꾼들은 말에 사슬톱을 신고 다녔는데 대부분 프랑스계 캐나다인이었다. 우리는 눈에 잘 띄도록 가슴 정도 높이에 한 번, 벌목꾼이 제대로 작업했는지 확인하기 위해 밑동 부분에 한 번 스프레이를 뿌렸다. 우리는 모든 지역을 벌목할 수 있도록 서로 멀찍이 떨어져 줄을 지어 앞으로 이동했다. 매일, 온종일, 거의 쉬지 않고 지속되는 지독한 운동이었다. 주말에는 일이 없었지만 벌목장이 북쪽으로 너무 멀리 떨어져 있어서 집에 다녀올 수도 없었다. 마침 소형 포유류 덫을 챙겨 온 덕에 생물을 공급하는 터톡스라는 회사에서 주문을 받아 생쥐와 들쥐를 잡으며 추가 수입도 올렸다. 주로 북부짧은꼬리땃쥐를 잡았는데, 알코올에 담겨 기초 생물학 해부학 실습 시간에 사용되었다. 다른 종에도 관심이 많았던 나는 박물관 전시용 박제 표본을 만들곤 했다.

오로노로 돌아와 잡은 것들을 동물학 교수인 포유류학자 앨버트 바든에게 보여주자 그는 그중에서도 한 땃쥐를 보고 신나했다. 아버지는 탐탁지 않아 하시며 교수에게 알랑댄다고 비난했다. 아마 질투를 하신 것 같다. 생각했던 것만큼 교수에게 인정받지 못했고, 결국 대학 과정을 마치지 못한 기억 때문일 것이다. 솔직히 말하면 나는 교수들에게 많은 지도와 격려를 받으며 배웠고 그게 나중에 전공을 동물학으로 바꾸는 계기가 되기도 했다.

내가 벌목장에서 업무 외에 한 활동은 땃쥐 잡기만이 아니었다. 벌목장은 애슐랜드에서 시작해 북쪽으로 한없이 펼쳐진 숲으로, 끝없이 이어진 비포장도로의 맨 끝에 있었다. 나는 매일 저녁 식사를 마치면 밖에 나가 6, 7킬로미터를 달리고 왔다. 속도를 가늠할 수 없어서 그저 무리하지 않는 정도로만 달렸다. 업무 시간의 하이킹은 그다지 생기 있지 않았고 그나마도 상사인 맥 매클레인이 일주일에 한 번씩 럼퍼드에 있는 집 근처 제지 공장에서 돌아올 때면 더 헤이해졌다. 매클레인이 오면 우리는 이끼 낀 숲속에 다 같이 앉아 그의 농담을 듣거나 각자의 이야기를 하곤 했다.

그해 가을, 캠퍼스로 돌아오자마자 나는 다시 체육관에 가서 유니폼을 입고 크로스컨트리 달리기를 했다. 처음 달리는 자리에서 나는 다른 주자를 만났는데 그는 작년 클래스 M(중간 규모 학교들) 메인고등학교 우승자였다. 나는 그의 뒤에서 달렸다. 돌아오는 길, 체육관에 거의 다 도착했을 무렵 그가 말했다. "시합하자!" 우리는 출발했다. 잘 기억나지 않지만 나중에 그가 말하길, (나는 아직 운동화를 받지 못해 부츠를 신은 상태였는데도) 내가 먼지를 일으키며 앞질러 갔다고 했다. 그저 과장이기만 한 건 아닌 게 실제로 그해 여름 내 달리기 실력은 일취월장했다. 전에도 한 번 워터빌의 메인주 클래스 L(큰 학교들) 고등학교 크로스컨트리 최종 챔피언인 버트 호킨스를 앞선 적이 있었는데, 그건 달리기 실력으로 이긴 게 아니라 어디까지나 운이었다. 호킨스가 소변을 보느라 중간에 잠시 멈췄기 때문이다. 그러나 이번에는 진짜였다. 훌륭한 선수를 따라잡았으니 두 번째 가을이면 마침내 메인대학교 크로스컨트리 팀에 들어가 꿈을 이룰 수 있을 터였다.

며칠 뒤, 학기 첫 수업을 듣고 이런저런 일을 서둘러 정리한 다음 다시 코치를 만나러 트랙에 갔다. 다가오는 크로스컨트리 시즌에 내보낼 후보 주자 평가 중이었다. 코치는 주전공인 해머던지기로 뉴햄프셔대학교에서 뉴잉글랜드 챔피언인 적이 있었지만 이제는 전혀 다른 크로스컨트리 종목에서 선수들을 관리했다. 그는 활짝 웃으며 나를 반겨주었다. 돌아와서 좋았고 달릴 수 있게 되어 더 좋았다. "1마일 어때, 벤?" 코치가 물었다. "좋아요." 나는 출발선에 섰다. "제자리에, 준비, 출발!" 늘 들고 다니는 초시계를 누르며 코치가 외쳤다. 트랙을 뛰는 기분이라니! 새로운 검정 컨버스 신발을 신고 달리니 한결 부드럽고 가벼웠다.

그 느낌이 참 좋았다. 네 바퀴는 식은 죽 먹기였다. 달리기를 마치자 코치가 초시계를 확인하며 씩 웃었다. "4분 30초!" 딱히 힘들다는 생각이 들지 않았다. 코치가 한 번 더 뛰어보지 않겠냐 권했고, 몇 분 뒤에 나는 다시 뛰었으며 그러고도 한 번 더 뛰었다. 거의 같은 시간대의 기록이 나오자 코치의 얼굴이 밝아졌다.

애석하게도 시즌이 진행되는 동안 나를 제외한 모든 사람의 기록이 좋아졌다. 심지어 내 기록은 더 나빠진 걸 수도 있었다. 크로스컨트리에서는 속도 연습(단거리를 빠른 속도로 달리는 훈련을 말한다. 예를 들어 400미터나 800미터를 잠깐씩 쉬고 반복해서 달리는 것처럼)을 하지 않기 때문이다. 팀에 합류한 후로 내가 달리는 거리는 줄었다. 모두가 그러듯 나도 팀원들과 함께 달렸다. 혼자서 다른 이들을 치고 나가지 않고 뒤처지지 않는 선에서 보조를 맞췄다. 크로스컨트리 경주는 한 번에 8~10킬로미터를 뛰는 중장거리 달리기다. 그 말은 1마일 경주나 반마일 경주에 비해 속도가 훨씬 느리다는 뜻이다. 그 덕에 느린 달리기를 연습하는 것처럼 보였지만 뭘 어떻게 하든 문제는 없었다. 우리는 이듬해 양키 콘퍼런스 우승을 꿈꾸는 명실상부 메인주 최고의 팀이었다.

사람들이 가득 찬 강당에서 선수들에게 큼직한 스테이크를 제공하는 만찬은 다음 해 주장을 선출하는 자리이기도 했다. 그 만찬을 떠올리면 딱 한 장면이 기억나는데, 코치가 무대 단상 옆에서 투표 종이에 적힌 새 주장의 이름을 부르는 순간이었다. 당시 나는 강력한 후보자였다. 주에서 최고의 중장거리 선수로 인정받은 마이크 킴볼과 실력이 비등했기 때문이다. 이전에 세 번의 경주에서 선두로 달리던 팀원들을 따라잡았지만 굳이 앞지르지는 않았다. 그럴 이유가 없었기 때문이다. 어차피 같은 팀이라 똑같이 3점을 얻게 될 상황에서 누가 1등, 2등을 하는지는 중요하지 않았다. 그해 나는 기적처럼 허리 부상을 회복했고 한 사람 한 사람을 포함해 팀 전체에 강한 결속감을 느끼며 서로 존중하는 마음을 키워갔다. 우리는 한 팀으로 똘똘 뭉쳐 열심히 했다. 질 때도 있었지만 대부분은 이겼다. 언젠가 다른 학교에서 열리는 대회로 향하는 차 안에서 팀원들이 내 억양과 과거에 관해 물어왔는데, 개인적인 질문과 관심을 받다 보니 더욱 그들과 연결되어 있다는 느낌이 들었다. 누군가 "짐승처럼 달린다"고 한 적이 있을 만큼 나는 팀을 위해 달렸다. 우리 팀은 내가 친밀감을 느끼는 유일한 그룹이었다. 코치는 종잇조각을 하나씩 하나씩 펼치며 득표수를 적어나갔다. 내가 나를 적을 수는 없는 노릇이니 나는 쪽지에 다른 팀원의 이름을 적었다.

코치가 천천히 일어나 똑바로 서서는 선수들을 진지한 표정으로 바라보며 발표했다. "내년 주장은, 벤이다." 나는 감격스러웠다. 마침내 가장 가깝다고 생각한 사람들에게 있는 그대로의 모습으로 인정받은 것이었다. 그러나 상황은 바라던 것과는 다르게 예상치 못한 방향으로 너무 빨리 흘러갔다.

우리 부모님은 또다시 긴 원정을 떠날 예정이었다. 피차 알고 있었듯 이번이 부모님의 마지막 원정이 될 터였다. 아버지도 나이가 들어 남이 보기에나 스스로 느끼기에나 예전 같지 않았다. 어머니는 지난번 앙골라 원정에서 죽을 만큼 고생을 한 터라 갈 수 있을지조차 확실치 않았다. 이제 부모님은 내가 필요했다. 그리고 이번 기회는 나에게도 부모님과 함께할 수 있는 일생에 단 한 번뿐인 모험이었다. 가든 가지 않든 어느 쪽을 선택해도 마음이 불편한 상황이었지만 결국 가기로 마음을 굳혔다. 주장이라는 타이틀을 달고도 팀원들을 실망시켰다는 사실에 죄책감이 들었고 이해해주지 않을 거라는 걸 알았지만 떠나기로 결심했다.

나는 두 번의 여름에 걸쳐 일 년 동안 탕가니카(현재의 탄자니아)로 떠났다. 그러지 않았으면 여름 내내 학비를 대기 위해 일했을 것이다. 이 원정에서 예일대학교를 위해 내 평생 가장 힘들고 까다로운 일을 했는데 결과적으로는 한 푼도 벌지 못했다. 게다가 달리기를 중단하는 훨씬 큰 희생까지 감수해야 했다. 나는 내 또래 아프리카 원주민 조수인 와지리와 바칼리, 어머니와 함께 정글 속 작고 비밀스러운 새들을 잡는 사냥꾼이자 박제사가 되어 매일 오후부터 저녁까지 하루도 빠지지 않고 일했다. 우리가 잡은 것들은 현재 예일대학교 피바디박물관의 과학 컬렉션으로 보관되어 있다.

아프리카에서 달린 경험은 특별한 게 없었다. '아프리카 문'이라는 화물선을 타고 뉴욕에서 출발해 콩고강 상류에 위치한 항구까지, 아프리카 동쪽 해안을 따라 목적지인 탕가니카의 다르에스살람에 도착할 때까지 한 달여의 여행 동안은 배의 갑판에서 달렸다. 다르에스살람에 도착한 후에는 미국에서 트럭이 도착할 때까지 기다리는 몇 주 동안(트럭이 있어야 외딴섬 산속의 정글로 들어갈 수 있으니까) 도시 외각의 비포장 도로를 달렸다. 그러다 어떤 달리기 선수를 만났는데 그 선수가 현지에서 누구나 참가할 수 있는 육상 대회를 소개해주었다. 나는 2마일 경주에 출전했고 800미터짜리 트랙에서 달리는 동안 현지 목동이 나를 한 바퀴 이상 앞서갔다. 한번은 새총으로 독 뿜는 코브라를 놀라게 하는 바람에 도망치느라 꽁지가 빠져라 달린 적도 있다. 아프리카에 있는 동안 가끔씩 메인에 있는 코치에게 편지로 연락하곤 했는데, 코치는 코넬에서 공부 중인 한 케냐 사람이 IC4A(전국 대학생 선수권대회)에서 맨발로 뛰어 우승했다는 소식을 전했다. 그 얘기를 듣고는 현재 아루샤 국립공원으로 지정된 지역에 갔을 때 코치가 말한 케냐 사람을 따라한답시고 맨발로 뛰어보았다. 날이 저물기 전까지는 모든 게 괜찮았지만 너무 멀리까지 달린 바람에 숙소였던 작은 텐트까지 돌아가려면 한참을 가야 했다. 사자, 코끼리, 코뿔소, 아프리카들소가 나타날까 두려웠지만 그저 달리는 수밖에 없었고 결국 발바닥이 만신창이가 된 채로 도착해 2주 동안 걷지 못했다. 하지만 그곳에서 우연히 잡은 도미누스왕똥풍뎅이는 나중에 생물학으로 박사 학위를 받은 후에 여러 번 아프리카로 돌아오는 계기가 되었고, 곤충생리학은 물론이고 중장거리 달리기에서 인간생물학에 대한 새로운 발상과 통찰로의 장을 열어주었다. 어쨌거나 나는 1년 3개월 후에 미국으로 돌아왔고 그때부터 다시 메인대학교 크로스컨트리 팀, 육상 선수들과 함께 뛰면서 내 인생에서 가장 행복한 시절을 보냈다.

고등학교 3학년 때 메인에서 스키 선수로 활동한 적이 있는데 나는 세 학교가 참가한 모든 겨울 카니발 대회에서 우승을 거두었다. 그러고는 몇 년 뒤에 스키를 타러 놀러 갔다가 오른쪽 무릎의 반월판이 찢어졌다. 슈거로프산 리조트의 내리막길을 운전한 후 시동이 걸리지 않길래 뒤에서 차를 밀다가 다친 것이다. 그러나 그 일이 있기 전부터 코치는 잘못하다가 다치기라도 하면 달리기에 지장이 생길 테니 겨울에는 (그리고 봄에는) 대학 스키 팀에서 활동하는 대신 실내 트랙을 뛰라며 나를 설득했다. 결국 나는 코치의 말을 따르기로 했고 한 해에 세 개의 발시티 레터(교내 스포츠 팀에서 우수한 성적을 낸 팀원에게 주는 학교명의 첫 알파벳 글자로, 재킷에 붙이고 다닌다)를 받았다. 주기적으로 2마일 경주에 나가 주 챔피언십에서 우승하기도 했다. 때는 봄이었고 대회는 집에서 30분 정도 걸리는 베이츠대학교에서 열렸다. 어머니와 아버지는 육상 대회든 크로스컨트리 대회든 한 번도 나를 보러 온 적이 없었지만 애초에 오실 거라는 기대도 없었기에 당연히 서운하지도 않았다. 그러나 주 챔피언십 대회가 열린 눈부시게 화창한 날, 포터 씨가 대회장에 나타나 옥외 관람석에 앉아 나를 응원했다.

몇 해 전 포터 씨는 사냥, 카누, 낚시 여행에 나를 데리고 메인주 전역을 다녔고, 나는 첫 카메라와 단발식 소총을 사기 위해 포터 씨와 그의 아내인 머틀 아주머니의 농장에서 일하며 돈을 벌었다. 나중에 포터 씨는 자신의 윈체스터 레버 액션 라이플을 내게 물려주었고 나는 그 총으로 딱 한 번 사슴을 쏴보았다. 무단이탈하는 바람에 굿윌학교에서 쫓겨나 집에 있던 해였다. 아저씨는 혼자 베이츠 대회에 와서 관람석 첫 번째 줄에 앉아 응원했다. 2마일 경주 주자들이 총 여덟 바퀴를 돌 트랙 바로 옆이었다. 경기가 시작되고 나는 선배인 킴볼에게 내내 뒤처지고 있었다. 주에서 최고의 중장거리 선수였던 킴볼은 나중에 한 시간 동안 가장 먼 거리를 달려 미국 신기록을 세웠다. 아무튼 그러다가 두세 바퀴를 남긴 상황에서 그를 겨우 몇 발 앞까지 따라잡았다. 그걸 보던 포터 씨가 자리에서 벌떡 일어나더니 밴시(아일랜드 설화에 나오는 요정. 밴시의 울음소리는 가족의 죽음을 알린다)처럼 응원하기 시작했다. 육상 대회에 처음 와본 아저씨는 내가 결승선을 앞두고 분투하다 마침내 킴볼을 앞지르고 우승하자 펄쩍펄쩍 뛰었고, 흥분한 나머지 점심에 먹은 것을 토하고 말았다. 사실 이날의 기록은 기억에 남거나 언급할 정도로 대단하지 않았다. 하지만 메인대학교 필드 하우스 2마일 기록에 도전한 일은 꼭 언급하고 싶다. 이 경기에서 신기록을 세워 내 소중한 고향에 나라는 사람이 있었다는 흔적을 남기는 것보다 더한 영광은 없을 것이다. 그 대회는 참가 제한이 없어서 나는 진지하게 2마일 경주 최고 기록에 도전해보기로 했다. 마지막이자 유일한 기회라 생각했기에 내가 옳다고 생각하는 대로 혼자 훈련했다.

그 대회는 익숙한 학교 체육관에서 겨울에 열렸다. 총 3.2킬로미터를 달리려면 실내 트랙을 몇 바퀴나 돌아야 했다. 그렇게 여러 바퀴를 달리는 경주에서는 진행 요원이 출발선과 결승선을 지정하고, 주자들이 정해진 바퀴 수를 다 채우게 하기 위해 선두 주자가 마지막 바퀴에 들어설 때 신호를 준다. 한 바퀴가 남으면 선두에 있는 주자들은 남은 힘을 다 쏟아부어 질주한다. 나는 기록을 세우기 위해 속도를 조절했고 마지막에 나를 날아가게 할 총성을 기다렸다. 그리고 그 소리가 들렸을 때, 이게 메인대학교에서의 마지막 경주라는 걸 알았기에 전에 없는 속력으로 내달렸다. 그런데 조금 있다가 총소리가 한 번 더 들렸고 곧이어 세 번까지 울렸다.

알고 보니 두 번 더 울린 총소리는 나를 멈추게 하려는 목적이었다. 시합은 이미 오래전에 끝나 있었다. 진행 요원이 실수로 마지막 바퀴 신호를 주지 않은 것이다. 나는 마지막 바퀴를 위해 힘을 아껴둔 채 2초 차이로 기록을 깨지 못한 상태에서 경기를 마쳤고, 경기가 끝난 후에야 그 힘을 발휘해 전속력으로 뛴 것이다. 계획대로였다면 기록을 깨고도 남았겠지만 그러지 못했고 몇 년 뒤에 다른 팀원이 새로운 기록을 세웠다는 소식을 들었다. 이처럼 달리기에는 규칙이 있다. 나는 이 경기를 통해 규칙이야말로 스포츠를 영감을 주는 과정으로, 달리기를 훌륭한 과정으로 만든다는 걸 깨달았다.

7

과학도의 길

On the
Science Track

내가 너무 많이 달린다는 아버지의 걱정도 일리는 있었다. 졸업을 앞
둔 상황이었지만 눈앞에 계획된 미래가 없었다. 앞으로 무엇을 하며 살
아야 할지 고민이었지만 적어도 나에게는 자유가 있었고 그 자유를 마
음껏 활용할 수 있다는 건 확실했다. 시간을 두고 미래를 설계해야 할
때였다. 그러던 어느 날 대학 신문을 훑어보던 중 우연히 학생 신분으
로 런던까지 아주 싼 값에 왕복할 수 있는 전세기 광고를 보았다. 유럽
에 대해서는 부모님에게 수도 없이 들었지만 한하이데 숲속의 작은 피
난처를 제외하고 실제로 본 건 없었다. 그렇게 나는 런던으로 향하는
비행기에 올랐다.

히스로공항에 도착하자마자 중고 자전거를 한 대 샀다. 배를 타고 영

국해협을 건넌 다음, 루브르박물관의 모나리자를 만나러 파리를 향해 자전거 페달을 밟았다. 어쩌다 와인병과 갓 구운 빵을 들고 다니는 일 말고는 짐이랄 게 없었고, 밤에는 하룻밤에 3달러 정도를 내고 유스호스텔에서 잤다. 파리를 떠나서는 올림픽이 열렸던 오슬로에 가서 홀멘콜렌 스키 점프를 보고 바이킹박물관에 갔다. 그러고 나서 다시 함부르크로 내려와 어린 시절의 대부분을 보낸 한하이데 숲의 숨겨진 오두막을 찾아갔다. 오두막으로 가는 길은 이제 잘 보이지도 않았다. 하지만 그 길에서 어린 내가 처음으로 애정을 쏟아부은 딱정벌레를 보았을 때는 가슴 깊은 곳에서 벅찬 감정이 차올랐다. 천 번도 넘게 다닌 길 끝에 창문이 닫혔다는 점 말고는 달라진 것 없이 제자리에 서 있는 오두막이 마법처럼 눈앞에 나타난 순간, 너무 놀라 감정을 주체하지 못하고 기쁨에 흐느꼈다. 문은 잠겨 있지 않았다. 주위에 사람 발자국 하나 없는 숲속에 혼자 있으니 어렸을 때의 기억이 깨어났다. 늘 잡으러 다니던 딱정벌레, 벌, 새, 애벌레, 한눈에 알아본 나무들까지. 나는 길가의 버드나무 옆에 한참을 서 있었다. 흔적이 거의 사라진 길은 맨손으로 송어를 잡고 놀던 강둑 아래 개울로 이어졌다. 오목눈이 한 쌍이 지의류조류와 세균의 공생체. 이끼처럼 보인다—옮긴이를 덮어 주머니 모양으로 둥지를 지은 오리나무에 쇠스랑이 기대 있었다. 시간이 거꾸로 흘러 과거로 돌아간 것 같았다. 이 경험은 이제 막 시작된 생명과학도의 길에 깊고 오래된 생명의 궤적을 새롭게 다져주었다.

그때의 나에게 생물학이란 오랜 시간 실험실에서 시험관을 붙잡고 씨름하거나 새로운 종을 식별하고, 라틴어를 아는 사람들이나 이해할 수 있는 훌륭한 학명을 지어주는 것이었다. 고등학교에서 라틴어는 필수 과목이었지만 내 실력은 그다지 좋지 않았다. 하지만 메인대학교에서 생화학 수업을 들으며 단백질, 탄수화물, 지방, 핵산 같은 물질이 탄소, 산소, 질소, 수소 원자로 구성되어 있고, DNA 분자는 모든 세포에서 복제되며 단순한 화학물질이 아닌 유전, 진화, 에너지 소비, 영양의 측면을 설명하는 정보의 스크립트라는 사실을 배웠을 때는 굉장히 흥미로웠다. 그래도 모두 일상생활과는 거리가 멀어 보였다. 아프리카에서 돌아온 후, 꼭 라틴어 수업을 들어야만 생물학자가 될 수 있는 게 아니라는 걸 알고는 산림학에서 생물학으로 전공을 바꿨지만 여전히 미래라는 가능성의 미로에서 헤매고 있었다.

메인대학교에서 동물학으로 전공을 바꾸고 제일 먼저 수강했던 일반동물학 이후에 처음 들은 과목 중 하나가 생리학이었다. 이 과목의 교수는 들쥐를 전공한 찰스 메이저였다. 강의 시간에 메이저 교수가 들쥐를 수술하며 간의 일부를 제거하는 방법을 이야기해준 게 기억난다. 일부가 사라졌지만 간은 들쥐의 몸에서 다시 회복되었다. 쥐의 몸은 자기에게 필요한 간의 크기를 알고 만드는 것 같았다. 메이저 교수는 그런 실험을 학생에게 할 수 없으니 쥐에게 하는 거라고 했다. 그러나 폐활량 측정장치로 우리의 폐를 검사할 수는 있었다. 내 차례가 되어 눈금이 새겨진 튜브에 입을 대고 힘껏 숨을 내쉬자, 메이저 교수는 학생들의 주의를 집중시키며 이렇게 말했다. "보세요. 벤은 달리기 선수니까 여기 흡연자인 조시와 비교했을 때 폐의 부피가 훨씬 클 거예요." 교수는 학생들을 가르치기 위해 그렇게 말했겠지만 오히려 역효과가 났다. 측정 결과, 내 폐는 흡연자의 폐보다 작았다.

달리기와 마찬가지로 과학에서 비교는 다른 조건이 모두 동일하다는 전제하에 이루어진다. 생물학에서는 모든 것이 시간에 의해 제한된다. 지금 일어나는 일은 전에 무슨 일이 일어났는지에 따라 달라진다. 현실은 거의 매 순간 바뀌므로 조건이 다 같을 수는 없다. 생물학은 복잡하며 시간과 무관하게 현상을 설명하는 수학 중심의 핵물리학이나 천문학과는 다르다. 아마 내 폐는 정말 더 작았을 것이다. 이런 폐로 노력을 덜 들이고 숨을 들이마신 걸까? 아니면 내 폐가 너무 효율적이라 작은 크기로도 같은 일을 할 수 있었던 걸 수도 있다. 폐의 크기가 커지는 건 비효율성을 보완하기 위해서일 수도 있겠다는 생각이 들자 나는 노화에 관해서도 궁금해지기 시작했다.

내가 알던 대부분의 달리기 선수가 25세나 30세가 되기 전에 달리기를 그만두었다. 마치 생체시계의 명령(사람에게는 할당된 심장박동 수가 정해져 있고 달리기는 심장을 평소보다 3~4배나 빨리 뛰게 하므로, 심장을 천천히 뛰게 해서 오래 살거나 빨리 뛰게 만들어 일찍 죽일 수도 있다는)을 거역하지 않으려는 것처럼 말이다. 우리 아버지도 젊어서 달리기를 했다. 워낙 건강염려증이 심해 담배나 술은 입에 대지도 않았고 땅콩버터도 드시지 않았다. 젊은 시절 달리기 대회에서 우승까지 하며 잠시 질풍처럼 달린 이후로는 생전 뛰는 일도 없으셨다. 그런 사람이었기에 더욱이 뛰면 안 된다고 누누이 말씀하셨지만, 나는 생체시계가 속력을 높여 나를 빨리 늙게 만들어 일찍 죽일 수 있다는 게 믿기지 않았다. 내게 개선될 여지가 있는지 알고 싶었고 그걸 알아보는 방법은 하나뿐이었다. 바로 운동과 관련한 노화의 생물학(아마도 생화학)을 공부한 뒤 마지막에 실험으로 직접 확인하는 것이다.

한 수업에서 켄 앨런 교수는 학생들에게 생리학과 관련된 주제를 찾아 질문을 던지고 그 질문의 답을 찾을 실험을 설계한 다음, 진짜 교수처럼 미국 국립과학재단에 신청할 연구 제안서를 쓰는 과제를 냈다. 나는 운동을 주제로 선택했고, 연구 제목은 '노화와 연관된 식단과 운동의 생화학'이라 정했다. 55년이 지난 지금도 푸른 잉크로 직접 쓴 여섯 장짜리 문서를 갖고 있다. 다시 읽어봐도 마치 최근에 쓴 것 같은 이유는 현재까지 엄청나게 많은 연구가 이루어졌음에도 아직 우리가 모르는 게 너무 많기 때문이다.

나는 생화학자 클라이브 매케이가 1930년대에 진행한 실험을 인용하며 보고서를 시작했다. 매케이는 엄격하게 통제된 조건하에 실험용 쥐의 먹이 섭취를 제한하면 생리 기능 저하와 노화가 크게 지연된다는 것을 확인했다. 매케이의 연구 결과는 확실했다. 노화를 수명의 길이로 정의한다면 나머지 변수를 동일하게 유지했을 때, 먹이는 노화의 명백한 동인처럼 보였다. 그렇다면 오래 살기 위해서는 굶어야 한다는 결론이 나온다. 그보다 훨씬 뒤인 1950년에 한스 셀리에라는 또 다른 과학자는 운동이 삶의 속도를 높여 몸을 소진시키므로 수명이 단축된다고 말했다. 나는 보고서를 쓰면서 먹이가 노화에 미치는 영향을 보기 위해 진행된 동물실험에서 운동이라는 변수가 통제되지 않았다고 주장했다. 운동은 열량을 태우기 때문이다. 연구자는 편의를 위해 들쥐를 작은 우리에 가두고 사육했으며 성인기에 이르는 성장 기간이라는 요인도 배제하지 않았다. 노화는 어느 시점에 시작되는 걸까? 인간은 실험실 쥐처럼 반응하지 않을지도 모른다. 작은 우리에 갇힌 실험용 쥐가 보인 결과는 연구자들이 던진 질문에 적절한 답이 되지 못한다고 생각했다. 비좁은 곳에 갇힌 쥐가 너무 지루한 나머지 달리 할 일이 없어 과하게 먹은 걸 수도 있고, 자연에서처럼 뛰어다니지 않아도 먹이를 구할 수 있으니 운동 부족으로, 혹은 너무 빨리 자라서, 그것도 아니면 지루해서 일찍 죽은 걸 수도 있다. 운동은 소금과도 같아서 전혀 하지 않으면 생명이 위험하지만 너무 많이 해도 목숨을 위협할지 모른다. 쥐의 수명이 줄어든 일부 이유는 한참 뒤 예기치 않게 인간을 대상으로 수행한 연구 덕에 밝혀졌다.

1980년대를 기점으로 약물남용, 알코올중독, 자살, 만성 통증, 비만, 불행감의 유행이 시작되었다. 그 근본적인 원인은 현대 생활에서 옵션이 아닌 필수가 되어버린 비싸고 복잡한 기계에 둘러싸인 채 끊임없이 변하는 요구를 따라잡지 못해 느끼는 좌절감에 있을지도 모른다. 늘어나는 세금, 인간을 대체하는 로봇 앞에 밀려오는 무력감, 한없이 늘어나는 인구 속에서 자신의 가치를 증진하고 활용할 일거리가 줄어든다는 상황은 계산에 넣지도 않은 것이다. 이런 끔찍한 궤도는 경제학자 앤 케이스와 노벨 경제학상 수상자인 앵거스 디턴이 2020년에 쓴 『절망의 죽음과 자본주의의 미래Deaths of Despair and the Future of Capitalism』에서 잘 탐구되었다. 나는 저 증상들이 실험용 우리에 갇힌 쥐와 비슷하다고 생각한다. 들쥐와 인간 모두 출구를 잃었고, 원래는 대자연과 접촉하며 야생에서 활발하게 찾아다녀야 얻을 수 있던 먹이를 항상 손쉽게 먹을 수 있게 된 바람에 할 일이 없어졌기 때문이다. 정상적으로 제공되던 삶의 많은 것이 사라졌다. 원래 설계된 일을 할 필요가 없어지면서 쥐와 사람 모두 신체적, 정신적으로 창조된 목적을 잃고 부자연스러운 상황 속에서 결핍을 느끼며 정상적인 심리적, 생리적 영양소가 소실된 것이다. 하지만 우리에게는 더 잘 살고 오래 살 능력이 있으며 실험실에 갇힌 쥐와 다르게 두 발과 정신으로 탈출구를 찾을 수 있다.

달리기 선수이자 뼛속까지 생물학자인 나는 당연히 의학에도 관심이 있었다. 의학은 아픈 몸을 치료하는 학문이다. 몸은 자동차를 수리할 때처럼 어디가 어떻게 작동하는지 알기 전까지는 고칠 수 없다. 그래서 나는 GRE(대학원 입학시험)를 본 뒤 백분위 99퍼센트로 의대에 지원했다. 당시는 임신 중인 여성의 복부를 엑스레이로 촬영하는 관행이 있었는데, 지원서에 이를 강하게 반대하는 내용을 적었기 때문일까? 부자연스럽고 해로울 것 같아 그렇게 썼지만 아무튼 결과는 한결같이 불합격이었다.

여전히 아무런 해결책이 없는 상황에서 군복무라도 마치는 편이 나을 것 같았다. 나는 시간을 벌기 위해 군대에 지원했다. 사병들은 자대를 선택할 수 있었고 나는 독일에 주둔하는 낙하산 부대에 지원했지만 신체적인 이유로 거부당했다. 디스크 파열이라는 심한 허리 부상 병력 때문이었다. 이쯤 되니 이제 내게 남은 게 있기나 한지 의문이 들었다.

결국 선택한 건 대학원에 가는 거였다. 처음에는 제임스 R. 쿡 교수 밑에서 2년을 보냈다. 학부 때 그의 연구실에서 초자 닦는 일을 했었는데, 쿡 교수는 내가 졸업 후 유럽에 다녀오는 걸 허락했다. 그리고 이제는 대학원생으로 받아주겠다 해서 나는 하던 일의 상당 부분을 계속할 수 있었다. 추가로 쿡 교수는 세포 메커니즘 연구에 나를 합류시키고 월급도 줬다. 교수와의 협업으로 나는 구름 위에 올라간 기분이 들었다. 당시 읽던 싱클레어 루이스의 소설 『애로우스미스Arrowsmith』의 주인공 마틴 애로우스미스가 자신이 존경하던 교수의 조교가 된 것처럼 마치 내가 이 책의 실사판 주인공이 된 것 같았다.

쿡 교수는 내게 영화 프로듀서 맥스 고틀립 같은 존재였다. 그의 밑에서 배운 2년 동안 그는 유명 학술지에 총 세 편의 논문을 쓰게 해주었다. 유글레나 세포가 포도당이나 식초 재료인 아세트산을 처리하는 대사 경로와, 유글레나가 공기 중의 이산화탄소 외에 다른 탄소원 없이도 어떻게 빛에너지로 광합성을 해 살아남는지에 관한 연구였다. 강당에서 석사 학위 공개 심사 발표 후, 쿡 교수는 내게 오더니 늘 입에 물고 있던 파이프를 빼면서 "내가 여기 오래 있었지만 지금까지 들은 세미나 중 가장 죽이는 발표였다네"라고 말했다. 거기다 예상치 못하게 우등으로 학위를 수여받기까지 했지만, 이 모든 건 쿡 교수의 지도가 있었기에 가능한 일이었으므로 나는 상을 받을 자격이 없다고 생각했다. 공동 연구를 진행하며 서로 같은 것을 이해했기에 우리의 연구는 사랑 그 자체였다. 쿡 교수는 이제 새로운 곳으로 가서 박사 학위를 받고 내 세계를 넓히라며 조언했다. 생리학을 가르친 찰스 메이저 교수는 뉴욕 버펄로대학교를 권했는데, 그곳에는 허먼 란이라는 호흡생리학 분야의 권위자가 있었다.

두 교수의 조언대로 나는 버펄로대학교에 지원했고 면접을 보러갔다. 란 교수의 연구실로 들어가자 뚜껑이 덮인 어항 안에서 헤엄치는 쥐 한 마리가 보였는데, 신기하게 한 번도 숨을 쉬러 물 위로 올라오지 않았다. 아마 물속의 산소 분압을 높게 유지시켜 운동에 필요한 산소를 충분히 추출할 수 있었을 것이다. 나는 감탄하면서 자리에 앉아 교수가 말을 시작할 때까지 인내심을 갖고 예의 바르게 기다렸다. 그러나 란 교수는 앉아서 나를 쳐다보기만 했다. 그러고는 몇 분 후 의자에서 일어나더니 말했다. "면접은 끝났어요." 나는 그런가 보다 하면서 다음 교수를 만나러 갔다. 이 교수는 말이 많았고 내게 왜 생물학자가 되고 싶은지를 물었다. 나는 어느 화창한 봄날 한하이데 숲을 가로지르는 등굣길에 손으로 송어를 잡으며 놀던 개울을 건너면서 커다란 버드나무를 올려다본 이야기를 했다. 크고 털이 부숭한 흑갈색 뒤영벌들이 꽃을 찾아 활기차게 날아다녔다고도 덧붙였다. 그런데 내가 말을 마치기도 전에 교수가 말했다. "학생, 자네는 박물학자구면." '박물학자'에 유난히 힘을 준 교수의 발음은 내가 진정한 생리학자가 아니기 때문에 과학자가 될 수 없다는 것처럼 들렸다. 나는 《메인 필드 내추럴리스트》에 실린 학부 논문 「파밍턴의 족제비」에 대해서는 말도 꺼내지 않았다. 그때를 돌이켜 보면 나는 천진난만하기만 할 뿐, 정작 당시 학계를 뒤흔든 중요한 발전은 경시했던 것 같다. 생물학은 혁명의 한가운데에 있었다. 케임브리지대학 제임스 왓슨과 프랜시스 크릭의 충격적인 대발견으로 분자 시대가 시작된 참이었다. 1953년에 두 사람은 DNA 분자가 핵산 분자가 만든 두 개의 사슬이 서로를 싸고도는 오른손 나선 구조임을 밝혀 커다란 수수께끼를 풀었다. DNA 분자에 새겨진 암호가 읽히면 그에 따라 스무 가지 아미노산이 수백만 가지 방식으로 조합되어 다양한 단백질을 생성하는데, 이 단백질이 지금까지의 모든 생명을 구성해왔다. 그렇다면 여기서 제기되는 가장 중요하고 결정적인 문제가 있는데, 바로 "암호가 무엇인가?" 하는 것이다. 몇몇 연구를 통해 그 유전 암호가 DNA(그리고 그것을 복제한 RNA)를 이루는 네 가지 염기 또는 글자가 세 개씩 모인 순열이며, 하나의 쌍을 이루는 이 세 개의 글자가 단백질 사슬의 개별 아미노산을 나타낸다는 게 밝혀졌다. 따라서 염기의 순서가 곧 단백질을 만드는 정보를 운반하는 것이다. 그런데 구체적으로 그 암호가 무엇이란 말인가? 비밀을 밝히기 위한 숨 가쁜 대결이 벌어졌고 흥분은 고조되었다. 감히 생물학 회당에 지원한 박물학자로 찍혀버린 박사과정 면접에서 나는 바로 3년 전인 1961년 5월 27일 밤에 하인리히 마테이가 역사적인 결과물로 새로운 생물학의 수문을 열었다는 걸 알고 있었어야 했다.

2015년에 영국 동물학 교수 매슈 코브가 『생명의 위대한 비밀: 유전암호를 풀어라Life's Greatest Secret: The Race to Crack the Genetic Code』에서 이 흥미로운 과정을 상세히 설명한 것처럼, 마테이는 메릴랜드에 있는 미국 국립보건원 마셜 니렌버그 연구실에서 일 년 가까이 실험을 해왔고, 그날 밤 유전암호를 해독할 수 있는 결과를 확인했다. 마테이는 시험관에서 우라실 염기만으로 구성된 핵산 사슬을 사용해 페닐알라닌이라는 아미노산으로 이루어진 단백질을 만들었다. 여기서 그는 RNA(DNA의 복제품)가 세 개의 특정 분자(UUU)를 사용해 페닐알라닌이 사슬처럼 연결되도록 부호화하고 있음을 밝혔다. 사실상 그는 가짜 전령 RNA(mRNA)를 만들어 오직 한 가지 아미노산 사슬로 이루어진 단백질을 생산한 것이다. 따라서 UUU는 인류가 유전암호를 해독한 최초의 글자로 밝혀졌다. 이 발견은 DNA가 생명의 책을 쓰기 위해 사용하는 나머지 19개의 아미노산 코드를 찾기 위한 시발점이 되었다. 이는 우리가 유전자 설명서를 읽을 수 있게 해주는 지식이 됨과 동시에 생명의 나무에서 모두가 공통으로 물려받은 유산을 밝혀냈다.

참으로 흥미진진한 시대였지만 나는 이 놀라운 경이와 마법 같은 영향력에 관해 아는 게 하나도 없었다. 학계 메뉴에 등록된 생명과 관련한 모든 항목(생명은 무엇이고 어떻게 창조되며 작동 원리는 어떻게 되는지)에 딱정벌레 사냥꾼이나 뒤영벌 관찰꾼이 가질 만한 열정은 없었다. 그랬기에 과학자가 되고자 열망하는 박물학자에게 보인 경멸에 가까운 감정도 이해할 만했다. 나는 이 대단한 발견이 불러온 구체적인 연구 목표를 향한 치열한 경주와 경쟁에 조만간 수여될 엄청난 상에 대해 전혀 알지 못했다.

도망치듯 돌아와 쿡 교수에게 란 교수의 연구실에서 있었던 참사를 전하자 그는 잠시 생각에 잠기더니 파이프를 빼고 물었다. "UCLA는 어떤가?" 그런 다음 딕(쿡 교수와 함께 유글레나 연구를 하고, 낚시와 사냥 여행을 다녀온 후부터 나는 동물학과의 다른 교수들처럼 그를 딕이라고 불렀다)은 내 연구를 DNA 수준에서 어떻게 발전시키면 좋을지 이야기했다. 당시 유글레나 엽록체가 사실은 진화적으로 별개의 유기체, 즉 원생동물 안에서 착한 기생충으로 살아왔으며 더 나아가 녹색식물로 진화한 단세포 조류라는 가설이 나오기 시작했다. 우리가 에너지 소비를 측정한 미토콘드리아 역시 잠재적으로 고대 박테리아와 공생적으로 연합을 이루었을 가능성이 컸다. 딕의 실험실에는 이런 흥미로운 가설들을 연구할 장비가 없었다. 예전에는 내 생전 로스앤젤레스에 갈 일이 절대 없을 거라 생각했으나 갑자기 캘리포니아와 UCLA는 모험이 가득한 곳처럼 느껴졌고, "가고 싶습니다!"라는 대답 하나로 모든 게 결정되었다. 나는 면접 없이 합격했고 내가 선택한 박사 연구 과제를 수행하며 생활비까지 받게 되었다.

미지의 곳에 발을 들이는 일은 흥미롭지만 동시에 두려움이기도 하다. 나에게는 UCLA가 그런 존재였다. 나는 DNA 실험실에서 이미 실력을 갖춘 세 명의 대학원생과 함께 시작했다. 세 사람에게 나는 메인주의 숲에서 갓 튀어나온 완벽한 시골뜨기였다. 아무것도 모른 채 큰 대학에서 처음으로 도시 생활을 시작한 터라 아는 사람도 없었다. 그러다 새로 온 유학생을 위한 모임에서 키티 팬자렐라를 만났다. 애너하임 근처에 사는 이탈리아 혈통의 다정하고 상냥한 학생이었다. 미성년자 학부생이던 키티가 카운터에서 자기 대신 맥주 한 잔을 사달라고 부탁했는데, 그것이 시작이었다. 우리는 금세 사랑에 빠졌다.

새 지도 교수 토머스 제임스는 학과장이라 주로 실험실이 아닌 본관 사무실에 있었기에 나는 첫날부터 혼자 알아서 연구해야 했다. 이후로 교수가 승인한 원생동물 DNA 연구에서 아무것도 발견하지 못하고 있다는 사실을 깨닫는 데 반년 가까이 허송세월을 보냈다. 과학은 달리기와 영판 달랐다. 달리기에 관해서라면 뭘 해야 할지 알았고 아는 대로 실천하면 되었다. 하지만 일 년이 지나도 애써 추출한 원생동물의 DNA로 무엇을 해야 할지에 대해서는 답을 찾지 못했다. 결국 준비하던 유글레나 DNA 분리 프로젝트를 포기해야 했다. 위대한 과학 발견을 위한 실험을 계획하기는커녕 전혀 갈피를 잡지 못한 채 박사 학위를 받을 가능성이 희박해지면서(사실 내가 배운 건 과학 분야에서 박사를 따기 위한 주요 필수 사항이었다) 이유를 알 수 없는 관절 통증이 시작되었다. UCLA 트랙에서 문제없이 달리던 내가 언제부턴가 걷기 시작했고 심지어 목발을 짚는 지경에 이르렀다. 의사도 이유를 설명하지 못했다. 혈액에서 갑상샘종의 표지인 일정량 이상의 요산 징후가 나타난 것도 아니었으므로 관절염도 아니었다.

그만두고 싶지 않았지만 일단 벗어날 필요가 있었다. 무엇을 해야 할지 확신이 서지 않았지만 완전히 새로운 길을 걷는 것 말고는 답이 없을지도 모른다는 생각이 들었다. 그래서 DNA를 포기하고 지하에 있는 다른 연구실로 들어갔다. 그곳에서는 교수와 학생이 온전한 동물을 가지고 일했고 새, 파충류, 포유류의 환경 적응과 관련된 행동과 생리학을 연구했다. 캘리포니아에서 DNA 연구를 그만둔 나는 둥지를 짓는 뒷부리장다리물떼새와 초록길앞잡이가 북적거리는 해안가 습지를 누볐고, 모하비사막에서는 큰까마귀, 뛰는쥐, 도마뱀과 즐기며 지냈다. 여러 경이로움 중에서도 박각시나방 애벌레가 독말풀을 먹는 광경은 정말 흥미로웠다. 어릴 적 메인에서도 그 애벌레들을 키운 적이 있었는데, 이제 UCLA에서는 연구실로 데려와 화분에 심어놓은 신선한 담뱃잎 위에서 기를 수 있었다(옆방의 식물학자들이 바이러스 실험용으로 재배한 담배였다). 나는 커다란 애벌레가 어떻게 굼벵이처럼 한자리에서 움직이지도 않고 제 몸길이의 여러 배가 되는 잎을 먹을 수 있는지 궁금했다. 어쩌면 거대한 잎을 햇빛 가리개로 삼아 몸이 과도하게 과열되거나 수분이 소실되는 것을 막는 걸지도 모른다. 하지만 어떻게 잎을 먹기도 하고 햇빛 가리개로도 사용할 수 있을까? 더 빨리, 많이 먹어서 추가로 소실되는 수분을 보충하는 걸까? 혹시 물을 보전할 수 있는 특별한 메커니즘이 있는 걸까?

첫 번째 질문에 대한 애벌레의 해결책은 훌륭했다. 나는 상대적으로 단순한 관찰, 실험, 측정으로 이를 쉽게 밝혀냈고, 영국의 저명한 저널 《동물행동학》에 정식으로 첫 과학 논문을 출간했다. 그러나 애벌레가 사막의 햇빛과 열기 속에서 수분 균형을 유지하는 법을 알아내기는 어려웠다. 수도 없이 실험했지만 이미 다른 이들이 논문으로 발표한 것 외에는 아무것도 발견하지 못했다. 하지만 애벌레가 우화하여 탄생한 나방들은 흥미로웠다. 1초당 60번씩 날갯짓(근육의 수축)을 하며 과도하게 운동하면서도 몸이 과열되지 않고 잘 날아다녔기 때문이다. 어떻게 캘리포니아 사막의 여름 열기 속에서도 몸이 익지 않고 날 수 있는지는 연구해볼 만한 가치가 있었다.

많은 곤충이 비행 전에 몸을 떨어서 체온을 높이고 활동 준비를 하지만 워낙 몸이 작기 때문에 빨리 열을 잃고 비행 중에 몸이 식는다는 건 잘 알려진 사실이다. 그러므로 우리처럼 적정한 체온을 유지하려면 체내에서 충분한 열기를 생산한다고 가정하는 게 논리적이다. 그러나 당시 내가 비행 중 대사율을 측정한 결과로는 외부 공기의 온도와 상관없이 동일한 양의 열을 낸다는 것이 확인되었다. 또 다양한 외부 온도에서도 근육의 온도가 일정하게 유지되었으므로 열을 잃어 체온을 안정화하고 조절하는 메커니즘도 있어야 했다. 그러나 나방은 인간과 달리 땀을 흘리지 않으므로 어떻게 이 일을 해내는지 도무지 알 수 없었다.

나는 가능성들을 최대한 추려서 나방이 혈액을 통해 비행 모터의 뜨거운 열기를 복부로 보내면 복부가 자동차의 라디에이터처럼 열을 방출한다는 가설을 세웠다. 당시 새로운 지도 교수 조지 바르톨로뮤가 오스트레일리아에서 몇 년째 포유류를 연구하며 지내던 탓에 나는 여전히 혼자였다. 그러나 지도 교수를 대신해 곤충생리학자인 프란츠 엥겔먼이 자극과 영감을 주었다. 엥겔먼 교수는 내 가설을 증명하려면 나방의 순환계를 제거해야 한다고 조언했지만 그의 전공이 바퀴벌레 유충의 호르몬이라 그 말을 믿지 않았다. 어림 반 푼어치도 없는 이야기였다. 하지만 나방을 더 가까이에서 자세히 보다 보니(특히 나방의 덮개 비늘의 일부를 제거한 후 투명에 가까운 맑은 플라스틱 같은 표피층을 보고 난 후에) 엥겔먼 교수의 말에 신뢰가 가기 시작했다. 게다가 결정적으로 머리카락을 이 실험의 핵심 장비로 사용하면서 어느 쪽으로든 증명할 가능성이 높아졌다.

나는 수술용 바늘을 사용해 머리카락으로 나방의 튜브 같은 심장 주위를 꿰매 열이 이동하는 길을 차단했다. 보통 심장에서 나온 피는 발열하는 근육이 없는 복부에서 날개에 동력을 주는 근육이 위치한 앞쪽 끝으로 이동한다. 수술을 마친 후에는 온도가 조절되는 방으로 나방을 옮긴 다음, 이 곤충이 몸을 떨면서 체온을 높이고 날아오를 때까지 기다렸다. 추운 방에 있던 나방은 계속해서 잘 날았지만 따뜻한 방에 있던 나방들은 1분 만에 비행근이 과열되면서 바닥으로 추락했다. 이 결과는 비행근의 온도가 조금만 높아져도 비행에서 생성된 잉여의 열기가 복부로 전달되며 복부는 열을 방출하는 방열기로 작용한다는 것을 증명하는 시발점이 되었다. 정말 아름다운 결과였고 보스턴 마라톤에서 우승했을 때보다 기분이 좋았다. 나는 곧장 이 실험 결과를 다른 가설에 대한 실험 결과와 함께 논문으로 써서 두 편은《사이언스》에, 두 편은《실험생물학 저널》을 포함한 학술지에 발표했다.

이 결과는 더위 속 운동에만 적용되는 게 아니었다. 앞서 열기 방출 메커니즘을 차단한 것과 반대되는 실험을 통해 비행에 필요한 열발생을 감소시키는 나방의 능력도 테스트했다. 이 실험에서는 발걸음이 갑자기 마법처럼 가벼워진 달리기 선수처럼 나방에게 에너지 소비(그리고 이와 관련된 열 생산)가 줄어든 환경에서 노력을 들이지 않고 쉽게 날 수 있는 옵션을 줬다. 나방이 계속해서 원을 그리며 나는 동안 전기 접촉으로 근육의 온도를 측정하는 간단한 장치로 가능한 실험이었다. 비행 트레드밀 위에 떠 있는 나방들은 갑자기 무게가 아주 가벼워진 덕분에 비행을 지속하는 정도로만 에너지를 소비하며 저절로 움직였다. 예상을 벗어난 결과는 아니었지만, 그래도 이 실험으로 나방이 계속 같은 고도(떠 있었기 때문에 그럴 수밖에 없었다)로 날면서도 열이 훨씬 덜 발생한다는 것을 밝혀냈다. 제거해야 할 잉여의 열이 없을 때 나방은 높고 지속적인 비행근 온도를 유지하는 기능을 발휘하지 않았다.

이 갑작스럽고 예상치 못한 대발견은 UCLA 트랙에서 달리기를 그만둘 수밖에 없을 정도로 몸 상태가 악화되어 극한의 좌절에 빠져 있던 기간 직후에 찾아왔다. 처음에는 의문의 관절 통증이 정말 달리기 때문에 내 몸이 소진된 증거처럼 보였다. 그러나 나이 서른에 갑작스러운 퇴화가 극심한 통증의 원인일 가능성은 높지 않았다. 내 소진 상태는 너무 많이 달려서도, 달리기에 배당된 생체시계가 멈췄기 때문도 아니었다. 나는 이런 증상이 신체적 스트레스가 아니라 도시의 공허함, 낯설고 이질적인 문화, 완벽하게 좌절된 연구로 인해 길을 잃으며 비롯된 정신적 스트레스에서 왔다고 믿었다. 그러나 유레카의 순간을 경험하고 연구에 돌파구가 생기면서 통증은 스위치가 꺼진 것처럼 바로 멈췄다.

그 사이 나는 키티와 결혼했고 뒤영벌에 매진한 몇 년의 여름 동안은 거의 매년 메인에 있는 부모님 농장으로 돌아가는 크로스컨트리(대륙 횡단) 여행을 했다. 그때쯤 몸의 문제는 사라졌고, 뒤영벌 한 마리 한 마리를 뒤쫓으며 벌들이 먹이를 찾는 루트를 파악할 즈음에는 다시 도로에서 가벼운 달리기를 시작할 수 있게 되었다. 당시 내가 아는 주변 인물 중 누구도 달리기를 하지 않았다. 반바지를 입고 도로를 달리면 사람들이 곁눈질로 쳐다볼 정도였다. 나는 동네의 구경거리였고 사람들은 차를 몰고 지나가면서 경적을 울리곤 했다. 한번은 메인대학교의 옛 동기가 내 옆에 천천히 차를 대더니 창문 밖으로 몸을 내밀고는 믿을 수 없다는 듯이 물었다. "아직도 달리는 거야?" 내게는 '아직'이 아닌 '다시'였다. 나는 생체시계가 다시 시작한 것처럼 새로 태어난 것 같았다.

박사 연구에 매진하는 동안 내 주 지도 교수였던 조지 바르톨로뮤와는 거의 교신이 없었다. 바르톨로뮤 교수는 안식년을 맞아 포유류를 공부하러 오스트레일리아로 떠나기 한 달 전쯤 관대하게 나를 대학원생으로 받아들였다. 그러나 그는 내가 제대로 대학원 과정을 마칠 수 있도록 자기가 떠나기 전에 박사 학위 프로젝트가 될 만한 여섯 가지 후보를 준비해두라고 했다. 그 바람에 처음에는 도서관에 갇혀 있었고, 이후에는 근처 안자-보레고사막과 모하비사막에 나가 연구 대상을 찾아다녔다. 애벌레와 박각시나방은 원래 가능성이 낮은 후보였다가 난데없이 꽃을 피운 셈이다. 이건 다 내가 오랫동안 이 나방들을 좋아해 왔고 어린 시절부터 재미로 애벌레를, 취미로 나방을 수집했기 때문이라 생각한다.

이처럼 흥미로운 결과를 얻고 나니 빨리 바르톨로뮤 교수와 새로운 연구를 의논하고 싶어 안달이 났다. 마침내 나는 파푸아뉴기니의 임시 연구소를 방문해 박쥐를 연구 중인 바르톨로뮤 교수를 만났다. 그가 UCLA를 떠나 오스트레일리아로 간 지 일 년이 다 되어가는 무렵이었다. 교수가 나를 뉴기니로 초대한 이유는 메인대학교 학부 시절 동안 아프리카에서 기술을 익힌 덕분에 밀림의 새와 박쥐를 포획하는 데 능숙하다고 말했기 때문이다.

나는 뉴기니에서 교수의 연구를 위해 박쥐와 새들을 찾아다녔다. 그러면서 열대 나비와 박각시나방의 체온 측정을 계속했다. 오스트레일리아나 캘리포니아에 견줄 만한 뉴기니 박쥐에 관해서는 딱히 흥미로운 걸 보거나 들은 기억이 없었지만 바르톨로뮤 교수는 박각시나방 연구 결과를 듣더니 눈이 휘둥그레졌다. 교수는 그 자리에 그대로 서 있었다. 한참을 말이 없어서 불안할 정도였다. 아무래도 생각에 잠긴 듯했다. 그러더니 뜬금없이 국립과학재단 연구비에서 일 년 동안 박사 후 과정 봉급을 주겠다고 제안했다. 막상 그런 이야기를 들으니 어떻게 해야 할지를 몰라 이번에는 내가 말을 잃었다.

나는 아직 박사 학위를 받지 않은 상태였고 여전히 나방의 비행 전 웜업 데이터의 일부를 처리해야 했다. 지배적인 통념과 모순되는 내 흥미로운 발견을 강하게 뒷받침할 가치 있는 데이터였기 때문이다. 그러나 바르톨로뮤 교수는 전혀 개의치 않았다. "애벌레 연구도 박사 학위를 받기엔 충분하네." 내 생각은 달랐다. 그걸로는 부족했다. 하지만 지도 교수와 논쟁을 벌일 수는 없는 노릇이었다. 나방의 운동 생리 연구는 내가 애벌레로 한 그 어떤 연구보다 의미 있었다. 나는 애벌레의 먹이 습성이 아니라 나방의 비행 운동 생리에 관한 연구로 박사 학위를 받고 싶었지만, 결국 박사 후 연구원 제안을 받아들였다. 교수는 나방이 비행 전에 몸을 데우기 위해 떠는 동안 에너지를 소비하는 방식에 관한 내 데이터로 함께 논문을 쓰자고 제안했다. 새와 박쥐의 체온조절은 그의 중심 연구 주제였으므로 당연한 제의였다.

바르톨로뮤 교수가 관심을 보이자 기뻤던 나는 여름에 메인에서 진행한 뒤영벌 연구와 다른 곤충의 영향력에 관해서도 말했다. 정도는 약하지만 쇠똥구리도 코끼리 똥 무더기에 가까워지면서 확실히 피가 뜨거워졌다. 게다가 전투기에 버금가는 고속 비행으로 유명한 박각시나방과 달리, 커다란 나방들이 큰 날개 덕분에 비행 중 활공으로 조금이라도 에너지를 절약할 수 있다면 큰 몸집에도 불구하고 체온이 더 낮을 것이라 생각했다. 내 이야기가 그의 구미를 당기게 했는지 교수는 코스타리카와 케냐의 차보국립공원에 가서 연구를 할 수 있도록 여행 경비를 대주었다. 심지어 수분생태학에서 뒤영벌의 먹이 찾기 습성이 식물학적으로 미치는 영향력에 관한 프로젝트도 지원해줬는데, 그러면서 학회에서 내가 말했던 에너지 이야기를 발표해도 되겠냐고 물었다. 물론 안 된다고 했다.

한편 메인에서 뒤영벌과의 여름 연구를 마치고 UCLA로 돌아오며 내 박사 후 연구원 경력이 갑자기 끝을 맺게 되었다. 박사 공동 지도 교수였던 프란츠 엥겔먼이 가까운 버클리대학교 곤충생리학 교수 채용 공고 소식을 알려주었다. 엥겔먼 교수는 앞서 온도 가설을 증명하기 위해 순환계를 제거하라는 불가능한 일을 제안한 사람이다. 결국 머리카락으로 그 일을 해내긴 했지만 말이다. 내가 지원할 생각이 없다고 하자, 교수는 태연하게 "그래? 뭐, 지원 안 하면 자네만 손해지"라고 말했다.

고민 끝에 결국 나는 지원했고, 임용이 되어 곤충생리학 강사 및 연구 교수로 바로 일을 시작했다. 그러나 연구비가 부족했고 버클리 곤충학과에서는 약속한 연구 장비를 제공할 수 없다고 했다. 사실 그게 엄청난 전화위복의 기회였는데, 마침 내게는 자생식물로 이루어진 메인의 천연림 수렁에서 뒤영벌의 행동을 연구하며 쌓아놓기만 하고 처리하지 않은 데이터가 있었기 때문이다. 이 데이터들은 머릿속에서 완전히 정리된 다음에 글로 옮겨져야 했다. 에너지소비생리학 연구뿐만 아니라 식물의 군집 구조와 진화 측면에서 뒤영벌의 생태학적 원인과도 관련이 있었으므로 충분히 연구해볼 가치가 있다고 확신했다. 그 연결

고리는 꽃의 형태, 색깔, 냄새, 꽃꿀과 꽃가루가 주는 보상 종류와 일정 차이의 놀라운 변이를 암시했다. 이는 꽃들이 왜 늘 최적의 형태에 따라 진화하지 않고, 심지어 같은 수분 매개자를 통해서도 저렇게나 차이 나는 특징을 얻게 되었는지 설명했다. 당시 유사한 발상이 널리 퍼지고 있긴 했지만 데이터는 없었다. 이마저도 추론에 따른 이론에 불과했으므로 지지하거나 반박할 데이터가 필요했다. 나는 그 주제로《사이언스》에 논문을 내기 위해 오랜 시간 공을 들였고, 초고를 일곱 번이나 작성하며 고군분투하다 보니 다른 사람, 특히 이 분야의 전문가에게 새로운 관점을 듣고 싶었다.

바르톨로뮤 교수는 근처 대학에 관심을 보일 교수가 있다면서 얘기해보라고 했다. 나는 몇 번이고 다시 고쳐 쓴 논문에 대한 피드백을 받고 싶었고 투고 전에 동료들이 검토해주기를 바랐다. 마침 그때 바르톨로뮤 교수가 소개해준 교수가 대학원생 수업에 와서 세미나를 해보라 제안했고 나는 영광스러운 마음으로 즉시 승낙했다.

내 세미나는 대성공이었다. 주제가 분명 적절했던 것이리라. 흥분을 안고 막 건물을 떠나려는 차에 교수가 차에 타려는 나를 붙잡고 그 주제로 공동 논문을 발표하지 않겠냐 물었다. 나는 놀라서 잠시 조용해졌다가 곧이어 거절했다. 교수가 연구비를 보장받을 수 있도록 돕겠다고도 제안했지만 나는 다시 한번 거절하며 이미 논문의 초안까지 써놓은 상태라 말했다. 그러자 초안을 보여줄 수 있냐고 물었고 나는 전반적인 의견이나 비판, 간단한 수정 정도를 기대하며 기꺼이 원고를 보냈다. 그러나 후에 교수가 벌인 일은 충격적이었다. 그는 내가 타이핑한 원고를 손으로 다시 쓴 다음 그 분야의 주요 과학 아카데미 회원에게 보냈다. 회원들은 흥미로운 발상이 마음에 든다며 그에게 답장했다(좋아하는 반응 이상이었을 것이다. 이후 그 교수와 내 지도 교수가 둘 다 과학 아카데미 회원으로 선출되었으니까 말이다. 과학 아카데미 회원은 미국에서 과학자가 오를 수 있는 가장 영광스러운 자리다). 교수에게 속은 나는 더 이상 혼자서 출판할 수 없게 되었다. 그 논문은 이미 학계 동료들에게 배포되었고 이제 와서 나 혼자 논문을 투고한다면 내가 교수의 아이디어를 훔친 꼴이 될 게 뻔했다. 그 교수는 내 주제로 학회까지 주최했다. 이 사실을 알게 된 나는 다른 주최자 중 한 사람에게 초대를 부탁해 학회에 참석했다. 내가 발표 자리에서 내 데이터를 보여주자 교수는 앞뒤가 맞지 않는다고 공개적으로 비판하며 내가 바르톨로뮤 교수의 아이디어를 확장한 것에 불과하다고 말했지만, 사실은 정확히 반대였다. 그러나 누구도 스스로 훌륭하게 합리화할 수 없는 일은 하지 않는 법이다. 나도 예전에 시든 고사리를 향해 총을 쏘며 사슴일 거라 합리화를 한 적이 있다. 인간의 뇌는 자신이 하고 싶어 하는 것을 정당화하기 위한 이유를 창조해내도록 설계되었다. 후에 들어보니 그 교수가 내 지인에게 이렇게 말했다고 한다. "도대체 그 친구는 자기가 누구라고 생각하는 건가?" 그렇다. 나는 이름이 알려지지 않은 일개 조교수였고 어쩌면 그의 이름 밑에서만 성취할 수 있는 사람이었는지도 모른다.

나는 완전히 지쳐서 바닥이 난 기분이었다. 너무 고통스러운 나머지 버클리대학 교수라는 매력적인 직업을 포기하고 과학을 아예 그만둘까도 진지하게 고민했다. 하지만 나는 버클리에서 나를 도와준 훌륭하고 친절한 동료들과 잘 지냈고 연구를 인정받으며 너무 빠르다 싶을 정도로 일찍 정교수가 되었다. 그럼에도 결국 나는 남이 나를 조종하거나 자존심을 해칠 빌미를 주지 않겠다고 결심했다. 사실 내 고향은 메인이었기에 언젠가 이곳을 떠날 거라는 걸 알고 있었다.

버클리에서 10년을 머무르는 동안 아내 키티, 딸 에리카, 개 푼맨(한 번은 어린 두 마리의 까마귀까지)과 함께 여름이면 메인으로 가서 지냈다. 내 인생 중 최고라 할 수 있는 시간이었다. 강의 부담도 크지 않아서 비교생리학, 행동, 생태, 진화로 이어지는 새로운 궤적을 탐구할 수 있었다. 박각시나방의 운동생리학부터 뒤영벌의 생리학까지를 아우르는 흥미로운 연구들이었다. 때로 벌은 먹이를 찾으러 다닐 때를 포함해 몸에서 발생한 열을 가슴에 보존했다. 해부학적으로는 열 손실을 방지하도록 설계된 것처럼 보이지만 어떨 때는 박각시나방처럼 복부를 통해 열기를 내보냈다. 단, 같은 메커니즘에 따라 복부로 알이나 유충을 품는 경우는 예외였다. 나는 어떻게 벌들이 추울 때는 에너지를 아껴서 비행근 작동에 필요한 열기를 보존하고, 알과 유충을 품을 때는 많은 열을 복부로 보내 둥지를 데우는지 궁금했다. 이 수수께끼를 풀겠다는 것은 벌의 내부를 들여다보고 다양한 면면에서 행동을 관찰한다는 뜻이었다. 마침내 퍼즐을 풀고《실험생물학 저널》에 연구 결과를 발표했는데 24개나 되는 그림을 함께 실어야 했다. 그 논문은 나에게 결승선을 뚫고 들어가는 경험이자 아주 오랜 분투 끝에 다시 숨을 쉴 수 있게 된 계기였다.

그 연구를 위해 나는 벌의 호흡과 맥박을 동시에 측정해야 했다. 데

워진 혈액의 맥박은 동시에 또는 번갈아 가면서 반대 방향으로 이동했다. 역류 상태가 아닐 때는 밖으로 나가는 혈액의 열기가 안으로 들어오는 혈액에 의해 다시 포획되었고, 번갈아 갈 때는 열기가 흉부에서 나와 벌집으로 전달되었다. 벌의 호흡은 혈액이 흐르는 패턴과 일치했고 복부의 공간을 풀무처럼 사용했는데, 마치 치타가 겅충 뛰어오를 때 가슴의 공간이 들숨과 날숨을 점프와 일치시키는 방식 같았다.

동물 연구를 하며 나는 달릴 때 느끼던 한 현상을 새삼 의식하게 되었다. 내 발걸음이 호흡과 동시에 일어날 때는 달리기가 매끄럽고 힘이 들지 않았다. 각각 한 다리씩 두 걸음이 한 번의 들숨과 연결되었고 다음 두 걸음은 한 번의 날숨과 연결되었다. 보폭이나 경사가 늘어날 때면 비율도 달라졌다. 쉴 때는 들숨 한 번당 심장박동이 두 번 뛰었고 날숨도 마찬가지였으며 빨리 뛸 때는 호흡, 심장박동, 발걸음의 비율이 바뀌거나 무효가 되었다. 평상시 1분당 35~40번인 박동수는 속도가 빨라지면 약 네 배까지 치솟았다. 지구력 향상을 목표로 에너지 비용을 절감하고 효율을 증진시키는 과정에서 효율성 대 속도의 균형 중 하나를 포기해야 한다면 나는 기꺼이 속도를 늦추겠다고 다짐했다.

달리기 능력은 뒤영벌의 비행만큼이나 복잡하지만 훈련을 받는다면 자연스러워질 수도 있다. 달리기는 인간과 가장 가까운 친척들과 비교했을 때 결정적인 차이까지는 아니더라도 분명 구분되는 부분 중 하나다. 그 차이는 아프리카 대지구대, 라에톨리 지역의 화산재에 화석으로 남은 우리 조상의 발걸음에서도 볼 수 있다. 오스트랄로피테쿠스가 근 500만 년 후에 나타난 호모 사피엔스와 크게 차이 나지 않는 달리기 흔적을 남긴 곳이다. 우리는 타고난 달리기 선수다. 이게 현존하는 호미니드 중에서도 인간을 고유하게 만드는 점이다(도구를 만들어 썼다는 이유로 유인원보다 우월하다 할 수도 없고, 생각하는 존재라는 이유로 다른 동물보다 우월하다고 할 수도 없다). 발자국은 그 주인의 행동은 물론이고 체형에 대한 간접적인 기록이기도 하다. 나는 가볍게 쌓인 눈 위에서 달릴 때와 걸을 때 남은 흔적을 비교해보았다. 화산의 얇은 응회암층에 보존된 인간 이전 사람들의 발자취와 완벽하게 일치했다. 고대 호미니드들은 걷는 건 물론이고 정말 달릴 수 있었다. 그들이 현재의 달리기 선수와 전혀 달랐다고 가정할 이유도 없다.

추위에 민감한 점, 털이 없는 몸, 두껍고 부스스한 머리카락, 특히 땀을 다량으로 흘리는 것과 같은 인간의 특징을 생각해보면, 우리는 달리도록 태어났고 뜨거운 기후에서 기원한 게 분명하다. 내가 머리카락을 사용해 운동으로 발생한 열을 처리하는 박각시나방의 능력을 제거한 것처럼 인간의 땀 흘리는 반응이 사라졌다면, 진화의 요람인 열대 아프리카 위 광활한 평원에서 인류는 진작에 멸종했을 것이다.

땀을 흘리는 반응은 인간이 뜨거운 환경에서 살았을 뿐 아니라 그 안에 본거지를 두었다는 고대 유산의 강력한 증거다. 또 땀을 흘리려면 물을 마셔야 하므로 믿을 만한 수원이 근처에 있어야 했다. 물에 접근하는 곤충의 사례는 체온조절을 보면 명백해진다. 증발냉각을 사용해 체온을 조절하는 곤충 중 내가 알고 있는 두 종은 꿀벌과 사막매미다.

꿀벌은 꽃에서 꽃꿀을 수집하는데, 보통 꽃꿀의 90퍼센트가 물이다. 꿀이 되려면 수분을 증발시켜야 한다. 벌은 이 잉여의 물을 비행 중 몸을 식히는 데 사용한다. 사막매미는 입을 사막의 나무와 관목의 체관부에 집어넣어 뿌리를 통해 땅속 깊은 곳의 물을 활용한다. 그렇게 해서 그 물에 닿지 못하는 다른 생물들이 살 수 없는 곳에서도 열평형을 이루어낸다.

나는 달리기보다 더 많은 시간, 노력, 감정을 과학에 투자했다. 달리기는 과학처럼 외로운 스포츠이며 개인주의자들을 위한 종목이다. 100미터, 1.6킬로미터, 10킬로미터, 100킬로미터, 160킬로미터에는 모두 각자만의 마법이 있다. 각각의 거리는 능력과 자질을 간단하고 진실하게 시험한다. 100미터 달리기가 속도를 검증하고, 100마일(160킬로미터) 달리기가 체력, 즉 장거리를 달리는 능력을 확인한다는 데는 의심의 여지가 없다. 필요한 조건과 결과가 명백하며 거기에는 일말의 모호함도 없다.

시계는 우리가 정확히 어디에 서 있는지 말해준다. 오직 자신만이 출발 여부와 어디로 얼마나 멀리 갈 수 있는지를 결정할 수 있으며 투자한 만큼 돌려받을 수 있다. 이 말은 존 L. 파커 주니어의 『달리기의 추억Once a Runner』이라는 소설에 잘 드러나 있다. 소설의 등장인물인 덴튼은 친구인 퀜튼에게 이렇게 말한다. "이 구역에서 승자와 패자와 다른 신화적 동물상을 말해줄게. 달리기 경기장은 나쁜 놈들이 너를 엿먹일 수 없는 몇 안 되는 장소 중 하나야. 거기에는 숨을 곳이 없거든. 가장할 방법도, 네가 달릴 길에 주문을 걸 일도, 거래할 것도 없어."

8

불혹의 보스턴 마라톤

California
Running

메인주에서 여름을 보내고 가을에 버클리로 돌아온 나는 캠퍼스의 에드워드 스타디움 육상 트랙에서 맥스 미셰를 만났다. 맥스는 긴 머리에 체격이 크고 다부지며 활기찬 친구였다. 당시 우리는 별 볼 일 없는 히피이자 동부에서 온 골수 달리기광이었다. 내가 메인의 숲에서 그랬듯 맥스는 뉴욕시에서 자신의 뿌리와 가족으로부터 도망쳐 나왔다. 때는 사랑은 자유로워야 하고 짐 모리슨이 "내 사랑이여, 나의 불을 피워주오. 이 밤을 불살라주오…"로 전파를 울리던 1970년대였다. 참으로 빛나던 시절이었다. 나는 달리기만이 아니라 플라워 파워 운동 _{1960~1970년대에 미국에서 일어난 비폭력 저항 운동—옮긴이}의 일부이기도 했다. 단, 여름에 버클리 연구실에서 말 그대로 꽃에 파묻힌 채 메인주

야외에서 수행했던 벌 프로젝트를 마무리 지으며 말이다.

43년이라는 시간이 지나 다시 맥스와 연락이 닿았고, 우리는 버클리에서 달리던 시절로 되돌아가 함께 추억을 나누었다. 그때 처음으로 우리가 이미 어린 시절부터 같은 길을 걸어왔다는 걸 알게 되었다. 맥스역시 제2차 세계대전 때 유럽에서 적군을 피해 도망친 수백만 난민 중하나였다. 맥스의 가족은 고향인 알틀라크(수백 년 동안 독일인의 정착지였던 고체의 한 지역으로, 현재는 슬로베니아에 속해 있다. 당시 1941년 히틀러와 무솔리니가 침공한 후 유고슬라비아로 편입되어 독일군과 싸우던 공산당 빨치산들과 함께 그곳의 모든 독일 소수민족이 큰 위험에 빠졌다)에서 벌어진 인종청소로 쫓겨났다. 마을이 파괴된 뒤 그곳에 살던 대부분의 독일인은 모든 걸 잃고 강제로 떠나야 했다. 맥스의 가족은 오스트리아에 정착했고 난민촌에서 맥스가 태어났다. 그리고 1952년, 맥스는 자신이 사랑하는 고향 브루클린으로 이민 온 후로 가톨릭 문법학교에 다니며 성장했다. 맥스는 고등학생 때 뛰어난 달리기 실력 덕분에 육상 팀 주장으로 뽑혔다. 나와 거의 같은 시기에 방랑벽이 시작된 맥스는 서쪽을 향해 캘리포니아까지 왔고, 거기서 우리가 만나게 된 것이다.

2020년에 맥스가 내게 쓴 편지다.

어느 오후였을 걸세. 한 손에는 《사이언티픽 아메리칸》을, 다른 손에는 육상화를 들고 트랙으로 성큼성큼 뛰어오던 자네 모습이 마치 어제 일처럼 떠오르는군. 표지에 커다란 벌 사진과 함께 실린 자네의 뒤영벌 논문을 보고 동물 세계에서 일어나는 자연의 메커니즘과 전략에 대한 깊이 있는 탐구가 시작되었다고 믿었어. 나는 달리기와 자연에 대한 끌없는 탐구 열정이 서로에게 불을 지르며 영향을 준 거라 확신한다네.

특정 학문 분야를 중심으로 모인 비공식 학술 단체는 보통 캠퍼스 세미나실에서 만나지만 맥스를 포함해 우리 달리기 선수들의 비공식 단체는 역시나 캠퍼스 트랙에서 결성되었다. 우리는 정오 무렵이나 오후 늦게 만나서 뛰었다. 전직 단거리 주자이자 말 조련사인 노신사 마크 그러비가 자칭 멘토이자 코치였다. 마크는 우리의 달리기 자세를 가차 없이 평가하곤 했다. 완벽한 기술과 과학적 원리를 경기에 적용하기 위해 마크는 팔의 스윙, 다리 올리기, 심지어 엄지손가락 위치까지 모두 예리하게 바라보며 지적했다. 마크가 늘 들고 다니던 (절대 틀리는 법이 없는) 초시계가 측정한 가장 중요한 기록은 말할 것도 없었다. 매끄러운 속도는 모두가 염원하는 목표였다. 또 마크는 엘 카바요라는 별명으로 불리는 알베르토 후안토레나의 체형을 목표로 삼는 경향이 있었다. 후안토레나는 1976년 몬트리올 올림픽에서 400미터와 800미터를 모두 제패한 쿠바의 달리기 신으로, 30년 뒤 우사인 볼트가 그랬듯 당시 우리에게 가장 큰 영향을 미친 사람이었다.

나는 규칙적이고 반복적인 속도 훈련을 통해 맥스를 비롯한 충성스럽고 열정적인 동료들을 따라잡고 싶었다. 훗날 실제로 맥스와 내가 그런 것처럼 만년에 전성기의 실력이 발휘되길 바라면서 말이다. 훈련은 생각보다 훨씬 더 잘 진행되었다. 1974년 달리기 일지를 보면 매일 400미터, 3.2킬로미터를 달리면서 그 사이에 200미터, 300미터, 400미터, 800미터 달리기를 3~5번씩 반복하던 훈련 루틴에 담긴 만족과 기쁨이 느껴진다. 우리는 서로 도전하며 격려했고 400미터를 1분 안에 뛰는 것은 기본이었다. 나는 400미터를 과거 UCLA에서의 최고 기록에서 3초 단축한 54초에 뛰었다. 400미터에서 3초는 대단한 차이였고 그러다 보니 800미터를 2분 안에 뛸 수도 있지 않을까 하는 생각이 들었다. 그리고 1974년 10월 29일에 마침내 800미터를 2분 0초 6에 뛰는 데 성공했다. 2분 미만이라는 마법의 기록을 세우지는 못했지만 첫 쿼터는 57초를 기록했으므로 어느 정도 기분은 맛볼 수 있었다. 하지만 그 기록이 곧 내 실수를 드러냈다. 페이스 조절이 문제였다. 일지에는 이렇게 쓰여 있었다. "마지막 200미터에 바짝 속도를 높여야 된다. 다음에는 첫 400미터를 1분에 끊을 것. 더 빨리는 안 됨!"

언젠가 800미터 2분 장벽을 깨고야 말겠다는 내 생각을 알아차린 동료들은 충분히 가능성 있는 꿈이라 말해주며 나를 돕고 싶어 했다. 결국 마크가 기록관을, 버클리 800미터 스타 주자인 릭 브라운이 내 속도를 유지하는 역할을 맡아 비공식 행사를 준비했다. 나는 어떤 경기보다도 이 시간과의 싸움에 흥분했다. 스타디움이 한산하고 트랙에 아무도 없는 어느 토요일 아침, 마크가 출발선에서 나를 출발시킨 순간이 기억난다. 나는 릭을 따라 달렸고, 평소보다 조금 속도를 늦춰 계획대로 첫 쿼터를 정확히 1분에 끊은 후에 전속력으로 뛰어 1분 59초 4에 들어왔다. 아직까지도 또렷이 기억하는 기록이다.

도전은 성공했다. 내가 경기로 뛴 마지막 800미터이자 최고의 경기였다. 나는 중단거리 선수 틈에 있는 장거리 주자였기에 속도로 이룬 성취에 큰 의미가 있었다. 맥스, 마크, 릭, 글렌을 포함한 모든 버클리 달리기 친구들과의 팀워크로 이 대단한 일을 이루어냈다.

이후에는 트랙에서 보내는 시간이 좀 줄었다. 그러다 한번은 추수감사절 무렵 미국 대학 터키 트롯추수 감사절에 열리는 장거리 달리기 행사─옮긴이에 참가했는데, 우승 상품이 트로피나 기록이 아니라 키티와 에리카를 위한 칠면조였다. 나는 마라톤을 내 달리기 인생의 합당한 마무리 종목으로 받아들일 때까지 가끔 참가 제한이 없는 대회에 가서 투창을 포함해 최대 4개 종목까지 닥치는 대로 참가했다. 그리고 일 년 뒤, 끝내 메인주 북부 숲 요정들의 유혹에 넘어가 캘리포니아주와 그곳에서 사랑한 안자-보레고사막, 모하비사막, 레드우드 숲을 떠났다. 하지만 캘리포니아에서 만난 친구들과 그곳에서 누린 감정들은 소중한 경험으로 영원히 남을 것이다.

트랙 위의 시인 맥스가 그 시절을 회상하며 2018년 10월에 이메일을 보냈다. 달리기 선수가 된다는 게 무엇인지를 아름답고 명확하게 쓴 글이었다.

> 시간이 참으로 속절없이 흘렀군. 베른트 자네처럼 나 역시
> 우리가 트랙에서 함께 달리던 저 눈부신 날들과 분투했던
> 도전을 소중히 간직해왔다네. 그 시절 우리를 하나로 묶어준
> 시간이 다시는 돌아오지 않을 거라는 걸 잘 알고 있거든. 햇빛이
> 쨍하던 날, 우리는 어디에도 얽매이지 않고 자유롭게 맹위를

떨쳤지. 젊디젊던 1970년대 몇 번의 계절 동안은 하늘도 우리의 이름을 알았을 걸세. 생명의 기운과 황홀감이 밀려들었지만 영원할 수 없다는 걸 느꼈지. 하지만 그때 우리들은 형언할 수 없는 마법 속에서 하나가 되어 시간과 필멸의 끈을 끊고 도망칠 수 있을 것만 같았다네. 한때 우리는 꽤나 실력 있는 뜀박질 선수들이었고, 그게 아직까지 우리를 따라다니고 있지. 우리는 정말 복 받은 사람이야. 가슴과 영혼을 채우는 지복至福이 무엇인지 알고 있으니까. (자네 말대로) 우리가 누린 그 달콤한 시간, 황금 같은 시간에 감사할 따름이라네.

달리기가 주는 황홀함을 아는 사람은 별로 없지. 그러니 우리가 얼마나 운 좋은 사람들인지. 모두 참 대단했지. 긴 시간 동안 불을 지펴준 자네에게 진심으로 고맙다네. 영원히 소중한 나의 벗 베른트, 최후의 순간까지 달릴 위대한 주자.

단거리를 그만둔 후부터는 장거리 훈련을 시작했다. 트랙에서 나와 버클리체육관에서 스트로베리 캐니언으로 올라간 뒤 덤불숲의 능선을 따라 버클리 힐스까지 올랐다가 스프루스 스트리트로 내려와서는 다시 체육관으로 돌아갔다. 한 시간 반 정도 되는 그 달리기는 뒤영벌의 운동생리학과 체온조절 연구에서 잠시 벗어나는 한낮의 완벽한 휴식이었다. 이 연구를 위해 실험실에서 짜릿한 생리학적 발견을 하고 여름이면 메인의 집으로 가 야외에서 행동 관찰을 하며 내용을 보충했다. 이 연구를 바탕으로 집필한 『뒤영벌 경제학Bumblebee Economics』은 내

셔널 북 어워드 과학 부문에서 두 번에 걸쳐 후보에 올랐다. 후에 관련해서 《뉴욕타임스》에 몇 편의 칼럼을 써달라는 제의를 받기도 했다.

그 무렵 나는 생물학자이자 박물학자 에드워드 O. 윌슨의 초청을 받아 하버드대학교의 비교동물학박물관에서 연구년을 보냈다. 윌슨은 매일매일 박물관부터 프레시 폰드까지 뛰어갔다 오는 나를 보고는 자신 역시 달리기를 사랑하는 사람으로서 한때 가졌던 포부를 털어놓았다. 우리는 각자가 주력하는 달리기에 대해 이야기했고, 윌슨은 내게 2시간 30분 이내에 완주하는 것을 목표로 마라톤에 도전해보는 게 어떠냐는 대담한 제안을 했다. 남은 인생에 마라톤을 목표로 삼게 된 계기가 윌슨 때문인 셈이다.

마라톤 공식 완주 거리인 42.195킬로미터는 다른 장거리경주처럼 역사에 의해 시작되고 유지되어왔다. 나는 마라톤 하면 '날개 달린 니케'라고도 부르는 사모트라케의 니케 대리석 조각상이 연상된다. 폴란드에 있는 고모의 무덤 옆에는 이 작품의 모조품이 세워져 있다. 파리에서 공부한 자연 예술가인 우리 할머니가 니케 조각상을 그 자리에 두셨는데, 기원전 2세기에 한 그리스 조각가가 만들어 현재 루브르박물관에 전시된 원본을 바탕으로 제작했다고 한다. 기원전 490년에 테르모필레 협곡에서 그리스와 페르시아의 마라톤전투 중 병사 페이디피데스가 한참을 달려와 "니코멘(우리가 이겼다)!"이라고 승전보를 알린 뒤 쓰러져 죽었다는 이야기와 연관이 있지 않을까 하는 생각이 들었다. 마라톤 경주는 1896년 아테네 올림픽에서 처음 시작되었고 지금은 많은 사람이 참여하고 있다. 그동안 감히 시도한 적 없는 종목이었지만 이제는 도전해볼 만한 일이 되었고, 어쩌면 벗이자 과학자인 윌슨이 예견한 2시간 30분을 깨는 것도 가능할지 모를 일이었다. 도전하면 안 될 이유가 없지 않은가?

마라톤은 힘들지만 순수하고 만족스러우며 흥분되는 경기다. 1975년 3월 23일, 나는 캘리포니아 샌마틴에서 인생 첫 마라톤을 뛰었고 버클리에서 함께 달리던 친구 피터 데이와 함께 출전해 2시간 35분으로 동시에 경기를 마쳤다. 우리는 달리는 동안 탄산수를 마시는 실험을 해보았는데 마지막까지 좋은 페이스를 유지한 걸 보니 괜찮은 것 같았다. 다음번에는 좀 더 빨리 출발한 결과, 한 달 뒤에 열린 보스턴 마라톤 대회에서는 15분을 앞당겼다. 그로부터 4년 반 뒤인 1979년 10월 28일, 나는 샌프란시스코 골든게이트 마라톤 대회에 다시 한번 도전했다.

10월 29일 월요일 자 《샌프란시스코 이그재미너》에 "마라톤 우승자는 무명의 신인"이라는 제목으로 올라온 기사는 다음과 같이 시작했다. "스물두 살의 현지인 피터 드마리스가 1100명의 주자들을 제치고 선두로 나섰다. 차이를 벌여나간 끝에 총 42.195킬로미터를 달려야 하는 경주에서 32킬로미터 지점에 도착했을 때는 이미 800미터를 앞서고 있었다." 기사는 다음과 같이 이어졌다.

> 2등으로 달리던 주자는 아무도 모르는 39세 남성이었다. 그의 마라톤 참가 경험은 겨우 두 번이었고 그마저도 5년 전이었다. 게다가 이 코스에서 달려본 적도 없었고, 맞바람을 뚫고 달려야 하는 언덕 구간에

서 젊은 드마리스에게 한참 뒤처져 있었다. 결승선에서 기다리던 아나운서는 마지막 체크포인트에서 보낸 메시지를 받고, 피터 드마리스가 엄청나게 앞서고 있으며 10분 안에 도착할 것이라는 소식을 관중에게 알렸다. 10분 뒤 아나운서는 "드디어 오고 있습니다!" 하고 외쳤고 관중은 환호하기 시작했다. "도착했습니다. 우승자, 1329번 베른트 하인리히!"

벌써 40년도 더 된 이 대회에 대해서는 한 가지 기억만이 남아 있다. 마지막 30분, 나는 사람들이 양쪽을 에워싸고 벽을 이룬 길을 따라 커브를 돌고 있었다. 앞쪽 주자가 결승선에 가까워지고 있었다. 어쩌면 그를 따라잡을 수도 있겠다는 생각에 질주했고 막판 50센티미터 정도를 남겼을 때 그를 앞섰다. 경기를 준비하며 그 주에 156킬로미터나 뛰었음에도 기록이 2시간 29분 16초에 그친 것에 실망했다. 하지만 경기 자체를 훈련이었다고 생각하면서 뛰었고 다음 날 18킬로미터를 더 달렸다. 그렇게 그 주에 총 188킬로미터를 달렸고 그 다음 주에는 230킬로미터를 뛰었다.

사실 골든게이트 마라톤은 진짜 목표가 아니었다. 진짜는 그로부터 4개월 뒤에 캘리포니아 샌머테이오에서 열린 웨스트 밸리 마라톤이었다. 그 대회에서 기록을 2시간 22분 35초로 줄였는데, 올림픽 대표 선발전에서 경쟁할 수 있는 2시간 21분 54초에 고작 41초 부족한 결과였다. 미국을 비롯한 많은 서방 국가가 1980년 모스크바 올림픽을 보이콧하는 바람에 올림픽 도전은 무산되었지만, 그 경기에서도 한 가지

위안을 얻은 게 있다면 당장 두 달 뒤인 4월 21일에 열릴 보스턴 마라톤에서 뛸 자격이 생겼다는 것이었다. 날짜는 내 마흔 살 생일 이틀 뒤였다. 나는 당시 노령으로 분류되는 연령대에서 경쟁할 터였다. 이제는 최고 주자들과의 경주가 아닌 시간과의 경주를 하게 되는 것이었다.

4월 초, 보스턴 마라톤 대회 출전 자격과 함께 메인의 집으로 돌아온 나는 무척이나 기뻤다. 버드나무가 만개하고 하늘에서 멧도요가 춤추고 여왕 뒤영벌이 잠에서 깨어나 땅속에서 나오고 있었다. 나는 대회 전 일주일 동안 농장에 머물며 길이 15센티미터짜리 정사각형 상자에 여왕벌들을 끌어들일 부드럽고 푹신한 재료를 가득 채워 밖에 내놓았다. 내 바람대로 무사히 겨울을 난 여왕벌들은 상자 하나를 골라 꽃가루를 옮기고 덩어리로 만들어 약 12개의 알을 낳고 새처럼 품을 것이다. 그리고 내가 버클리에서 영국 학술지《네이처》에 발표한 대로 비행근을 떨어 열을 생산하고 그 온기를 부드러운 복부로 이동시킨 다음, 둥지에 대고 눌러 따뜻하게 할 것이다. 그렇게 여왕의 첫 딸들이 부화하면(수컷은 가을에만 낳는다) 이 어린 일벌들에게 숫자를 표시하고 고유한 색깔 태그를 달아, 다가오는 여름내 다양한 식물 사이에서 각자가 먹이를 찾는 경로를 추적할 계획이었다.

보스턴 마라톤 대회에 출전하기 일 년 전, 나는 「머리는 차갑게: 꿀벌의 체온조절Keeping a Cool Head: Thermoregulation in Honeybees」이라는 논문을 발표했다. 마라톤 일주일 전에는 버클리 비교생리학 강의에서 학생들과 벌의 체온조절생리학에 관해 이야기를 나누었다. 친구인 잭 펄츠가 4년 전 역사상 가장 더운 날에 열린 1976년 보스턴 마라톤 대회에서 우승할 수 있었던 이유는 물병의 물을 머리에 반복적으로 쏟으며 적셨기 때문이라는 것도 말했다. 그 후 나는 과도하게 열을 가했을 때 벌들도 비행을 계속할 수 있도록 같은 방식을 사용해 효과적으로 열을 식힌다는 것을 발견했다. 단, 벌한테는 물병이 없으므로 평소 벌집에 꿀과 물을 실어 나르는 배 안의 꿀주머니에서 액체를 역류해 사용했다.

내게 보스턴 마라톤 대회는 의미 있는 경험이었다. 불혹이 된 내게 이 대회는 남은 최선을 다한 뒤 영원히 달리기를 끝낼 절정의 순간이었기 때문이다. 기운을 북돋우기 위해 나는 캣 스티븐스의 곡 〈비터 블루〉의 천둥 같은 박자와 불 같은 가사들로 머릿속을 채웠다. 그래, 나는 "아주 오랫동안 달려왔어요 / 억겁의 시간 동안 / 내 마지막 기회를 당신에게 바쳤지 / 한 남자가 할 수 있는 모든 일을 했어 / 제발 거절하지 말아줘요." 나는 경기 중에 활력을 유지하고 리듬과 박자를 맞출 수 있도록 이 가사들을 외워 경기 내내 속으로 되뇌었다.

홉킨턴의 거리를 가득 메운 선수들이 천 명도 넘을 것 같은 인파 속 어딘가에서 울린 출발 총성을 듣고 앞으로 슬금슬금 나오기 시작했다. 나는 조금씩 앞으로 비집고 나아갔다. 음악이 조용해졌다. 많은 주자를 제치고 가던 길에 하트브레이크 힐에 이른 기억이 난다. 비통의 언덕이라는 뜻이 어울리지 않다고 생각했는데, 이전보다 더 많이 앞서 나가고 있었기 때문이다. 그러다 길가에 쓰러진 주자를 보았다. 최근 보스턴 마라톤 대회 우승자이자 캐나다에서 온 세계 정상급 올림픽 선수라고 누군가 말하는 것을 들었다. 그는 아마 탈수 상태였거나 너무 서둘러 출발했을 것이다. 물로 충분히 몸을 식히지 못했을 수도 있다. 후텁

지근하게 더운 날이었다. 게다가 길가의 관중이 선수들에게 뿌린 물로 바닥이 미끄러웠다.

2시간 12분 11초의 기록으로 남자부 경기에서 빌 로저스가 일등을 거두었다. 그는 지금껏 이렇게 힘든 경기는 없었으며 중도에 포기하고 싶었지만 끝까지 해낸 것에 크게 만족한다고 소감을 말했다. 2등은 일본의 세코 도시히코였다. 나는 장년부에서 2시간 25분 25초로 우승했고 기념으로 괴물 같은 트로피가 따라왔다. 한참 동안 이 트로피를 잊고 지냈는데 버클리 시절을 회상하던 중 맥스가 얘기를 꺼내는 바람에 생각났다. "아주 생생하게 기억나지. 월넛 크릭에서 자네 집까지 대여섯 명이 옮기지 않았나. 조각상처럼 자네 집 거실에 세워져 있었지. 정말 인상적이었어. 높이가 1.2미터는 됐지, 아마?"

지금은 내용이 적힌 작은 금속 명판만 떼어 보관하고 있다. 그거면 충분하다.

9

100킬로미터짜리 꿈

*Running
After Dreams*

그저 물 흐르는 대로 살다 보면 삶이 어디로 흘러가는지 알 수 없다. 40세가 되면 달리기 선수들의 생체시계는 한물갔다는 뜻에서 '언덕을 넘었다'라고들 말한다. 이 나이가 되면 궁금해진다. 힘을 다할 수 없는데도 계속 달려야 할지, 아니면 쉬어야 할지 말이다. 최선을 다해 뛰는 건 어렵지만 얻고자 하는 바가 있다면 어렵고 힘들게 노력할 필요가 있다. 물론 죽는 날까지 계속 열심히 달려볼 수도 있지만 지금껏 최선을 다해 달려왔다면 앞으로 지금보다 더 빨리, 더 멀리 달릴 수 있는 가능성은 거의 없다.

내 심판의 날은 첫 번째 보스턴 마라톤을 뛰었을 즈음에 온 것 같다. 그러나 나는 마흔이라는 고령에도 여전히 잘 뛰었고, 마지막 두 경주의 결과를 고려했을 때 아마 마라톤보다 긴 경주에 도전했다면 더 잘했을 거라는 생각이 들었다. 생각하면 할수록 머릿속에서 울리는 작은 목소리가 점점 커졌다. 목소리의 메시지는 단순했다. "더 긴 경주에 나가야지. 50킬로미터에 도전해봐."

그해 여름 우리 가족은 샌프란시스코 베이 에어리어에서 버몬트주 벌링턴으로 이사했고, 그곳에서 나는 버몬트대학교 생물학과에 자리를 잡았다. 겨울에 크로스컨트리 스키를 다시 시작했지만 동네에서 육상 동호회를 발견하고는 도로 경주를 시작했고, 그러다 다가오는 9월에 브래틀버러에서 열리는 50킬로미터 대회에 나가기로 마음먹었다. 그런데 정작 대회 당일 아침, 잠에서 깬 나는 갑자기 회의가 들었다. 50킬로미터? 정말? 왜? 800미터를 2분 안에 들어왔고 마라톤 대회에서 우승도 해보았다면 이제 뭐가 더 남았을까? 그거면 충분하지 않나? 새벽 댓바람부터 일어나 장거리 운전을 할 생각이 발목을 붙잡았다. 그러나 키티가 그런 나를 부끄러워하며 발로 차다시피 침대 밖으로 내몰았다. "무슨 소리!" 키티가 아주 단호하게 말했다. "무슨 일이 있어도 가야지!" 결국 대회장까지 가 우여곡절 끝에 참가하긴 했으나 결과적으로는 좋은 결정이었다.

놀랍게도 나는 마지막 3킬로미터를 남기고 다른 주자들을 앞섰으며 3시간 3분 56초로 3등을 했다. 그런데 이번에 내가 이긴 사람들은 여느 평범한 주자가 아니었다. 그중 한 사람은 미국 오픈(연령 제한 없는 대회) 프리미어 울트라 마라톤 100킬로미터 기록 보유자인 프랭크 보재니치였다. 결승선까지 불과 몇 킬로미터를 남기고 나는 유럽에서 여름

경기를 막 마치고 돌아온 그를 앞질렀다. 보재니치는 명실상부 최고의 주자였다. 한 줄기 희망이 보였다. 내 달리기 기량은 저하는커녕 오히려 향상되었다. 그렇다면 이론적으로 미국 신기록을 세우는 것도 가능하지 않을까 하는 생각이 들었다.

도전했다 실패한 거라면 얼마든지 용서할 수 있지만, 실행할 수 있음에도 가치 있는 일을 시도하지 않는 건 용납할 수 없다. 생체시계가 머릿속에서 큰 소리로 똑딱거렸다. 나는 이제 막 40번째 생일을 지났고 지금이 아니면 이번 생에 기회는 다시 없을 것이었다. 결국 나는 일 년 후인 10월 4일에 시카고에서 열리는 100킬로미터 US 전국 선수권대회에 도전하기로 했다.

대학에서 풀타임으로 가르치고 연구 일정이 빽빽한 상황에서는 연습할 시간을 내기가 힘들었다. 하지만 이런 장거리경주를 뛰려면 매일 한 시간 이상을 달려야 했다. 열악한 상황에서도 출전을 고집한 이유가 있었다면, 이 대회가 비록 내 마지막 달리기는 아닐지라도 마지막 경기가 될 거라는 건 확실했기 때문이다. 그렇다면 그 어느 때보다 좋은 경기가 되어야 할 터였다. 내가 세운 목표는 모든 게 제대로 진행되어야 이뤄질 수 있었다. 그러려면 적어도 두 달간 하루에 최소 16킬로미터, 때로는 32킬로미터, 심지어는 48킬로미터까지 뛰어야 했다.

이듬해 여름이 되어서야 그 정도의 시간을 투자할 여유가 생겼다. 그때도 대학 업무에서만 벗어났을 뿐 메인주에서 진행 중인 야외 연구는 계속되었다. 캘리포니아에 있는 동안 메인의 고향 근처 숲속에 위치한 방 하나짜리 사냥 오두막이 있는 작은 땅을 사두었다. 전기나 수도 시설은 없었고 흰색 페인트로 덧칠한 문에 '캠프 캐플런크'라는 낡은 명판이 달려 있었다. 이 판잣집은 가문비나무, 전나무, 단풍나무로 이루어진 숲속에 파묻혀 있었고 주위에는 오래전에 버려진 채 관목과 미역취가 무성해진 농장이 자리 잡은 들판이 있었다. 달려서 갈 수 있는 거리에 미국낙엽송과 검은가문비나무로 둘러싸인 습지와 블루베리가 무성한 산이 있었다. 우리가 수년간 여름을 보낸 곳이자 여왕벌 생태를 연구하던 장소였다. 그 땅을 사기 전에는 부모님 농장에서 머물렀다. 캠프 캐플런크를 본거지로 삼을 무렵, 키티는 고향인 캘리포니아로 돌아갔고 재혼한 아내 매기 엡스타인과 나는 타르 종이 판잣집을 업그레이드하기로 했다.

일 년 전 아침, 키티의 말 한마디에 억지로 침대에서 나와 브래틀버러까지 운전해서 50킬로미터 경기에 참가했다는 사실은 믿기 힘들 수도 있고, 나로서도 인정하기 어려웠다. 그러나 시카고에서 열리는 100킬로미터 대회에 나가기 위해 몇 달 동안 하루도 거르지 않고 연습하며 준비하려면 단순한 자부심이나 개인의 영달 이상의 고매한 목표 같은 것이 필요했다. 나는 어릴 적 애덤스 씨네 농장에서 본 위티스 시리얼 상자에 크게 실린 테드 윌리엄스라는 남성의 사진을 떠올렸다. 고객들이 위티스를 고르게 만들 광고 모델로 왜 테드 윌리엄스를 선택했을까? 그건 바로 테드 윌리엄스가 위대한 타자였기 때문이다. 그렇다면 이렇게도 생각해볼 수 있다. 내가 만약 저 대회에서 우승하면 위대한 주자로 여겨질 텐데, 그러면 주자가 되고 싶지 않은 사람이 어디 있을까? 위대한 타자가 먹는 제품이기 때문에 사람들이 위티스 시리얼을 고르는 거라면, 같은 논리로 위대한 주자가 자연을 사랑할 때 그를 따라 자연에 더 애정을 갖고 보호하려 하지 않을까? 이런 자기중심적이고 비합리적 발상을 누구에게도 발설하면 안 된다는 것쯤은 알고 있었다. 그랬다가는 동기부여의 힘이 사라질 테니 이 생각은 영원히 비밀에 부쳐져야 했다. 아무튼 다행히도 매기는 그해 여름에 미국수리부엉이 부보, 까마귀 두 마리, 자신의 노란 고양이 버니 등 행복하고 자유롭게 뛰어다니는 다종족 연합과 함께 캠프 캐플런크에 합류하기로 했다. 우리는 거주지를 업그레이드하기 위해 주변 숲에 널린 나무로 오두막을 새로 짓기 시작했다. 나는 도끼날을 갈아 가문비나무와 발삼전나무를 베어 가지를 치고 껍질을 벗겼다. 굿윌학교 시절에 숲에서 해본 이후로 처음이었다.

그렇게 통나무집을 완성할 요량이었지만 며칠 지나지 않아 꿈이 산산조각 났다. 작업을 하다 미끄러지는 바람에 다리가 접질리면서 한쪽 무릎의 내측 반월판이 파열되었기 때문이다. 이게 어떤 상황인지는 잘 알고 있었다. 몇 해 전 슈거로프산 스키장 주차장에서 자동차 시동이 멈추는 바람에 뒤에서 밀다가 비슷한 사고로 반대쪽 무릎을 다친 적이 있기 때문이다. 나는 가을에 있을 100킬로미터 대회에 나가고 싶은 마음에 바로 병원으로 가 수술을 해달라고 졸랐다. 다행히 외과의사이자 친구인 헬무트 비터라우프가 하루 만에 수술을 해준 덕에 2주 뒤부터는 다시 뛸 수 있었다. 안 그래도 나이라는 핸디캡이 있는 상황에 사고와 수술 이력까지 추가되자 내 모험은 더 순탄치 않아졌다.

시카고 대회는 50킬로미터에서 경기를 마무리 짓거나 계속 달려서

100킬로미터를 완주하는 두 가지 경주 방식이 있었다. 나는 50킬로미터를 지나 계속해서 뛰었고 결국 6시간 38분 21초의 기록으로 100킬로미터를 마쳤으므로 두 경기를 다 뛴 셈이었다. 스스로에게 최선을 다하겠다 약속했고, 약속을 지킨 이상 다른 걱정은 할 필요가 없었으므로 당시는 그 결과가 어떤 의미인지도 몰랐다. 내가 그날 네 개의 기록을 세웠다는 사실은 한참이 지나서야 알게 되었다. 미국의 100킬로미터 기록 중 최고 기록(모든 연령대 기준), 40대 이상이 참여한 50킬로미터 국내 및 세계 최고 기록, 도로 위 장거리 달리기에서 전 연령대 기준 세계 최고 기록을 세운 것이었다(그때로부터 39년이 지난 현재는 맥스 킹이 내 기록을 10분 37초 앞당겼다).

어쨌거나 끝내 위티스 광고 제의는 받지 못했다. 전날 열린 기자회견에서 누가 일등을 할 것인가를 두고 치열한 예상전이 벌어진 터였기에 100킬로미터 경주를 마칠 무렵, 기자들은 벌써 50킬로미터 세계기록 보유자인 바니 클레커와 이에 도전하는 자들을 포함한 유명 울트라 주자 스타들에게 몰려간 상태였다. 알려지지 않은 무명 선수로 내가 그들 한참 뒤에 있는 동안 주목받던 선두 주자들은 이미 50킬로미터 지점에 도달하면서 각축전을 벌이고 있었다. 뒤에서 달리는 사람들을 위해 기자들이 더 머물 이유가 없었고, 일반 관중들도 특정 주자에 관심을 두지 않는 한 어떤 주자가 어디 있는지 알 길이 없었다. 그러나 내게는 인생에서 가장 만족스러운 경주였고 이 대회를 통해 인간은 자기가 생각하는 것 이상을 해낼 수 있다는 사실을 깨달았다. 예를 들어 인간이 생각보다 영양 같은 동물에 가까우며 심지어는 개미와도 비교될 수 있는 것처럼 말이다.

스위스 취리히대학교의 생리생태학자이자 나의 벗인 뤼디거 베너 교수는 내 성과를 아프리카 사막개미 카타글리피스 포르티스 *Cataglyphis fortis*에 비교했다. 이 동물은 빠른 달리기 선수로, 이글거리는 사막 환경에서 포식자이자 청소동물로 진화했다. 어쩌면 수백만 년 전의 인간처럼 이 개미들도 사체에 의존했을지 모른다. 단, 그 사체는 사냥당한 먹잇감이 아니라 더위로 쓰러져 죽은 동물이었을 것이다. 인간처럼 이 개미들도 놀라운 속도와 열 저항성을 진화시켰으므로 넓은 영역을 수색하면서 더위에 죽은 곤충을 찾아 시원한 구멍 속 집으로 실어갔다. 사막개미는 걷지 않고 늘 뛰어다니며 다른 개미에 비해 긴 다리와 그 밖의 해부학적 특징 덕분에 움직이는 속도가 매우 빠르다. 베너 박사는 내 100킬로미터 경기의 통계 결과(초당 2.8보, 보폭 1.5미터)를 사용해 내가 398분 동안 총 6만 6700보를 뛰었다고 계산했고 이 결과를 개미와 비교했다. 베너 박사는 내게 이런 말을 써서 보냈다. "사막개미가 먹이를 찾으러 나갔다가 집으로 돌아오는 왕복 여정을 측정한 바에 따르면, 이 개미는 자네가 100킬로미터 경기에서 뛴 것과 거의 같은 수의 걸음을 걸었으나 빠르기는 초당 44보였네." 이 개미들은 우리 영장류처럼 달리기 위해 태어났다. 그것도 거의 같은 이유로.

『칼라하리의 잃어버린 세계The Lost World of the Kalahari』에서 라우런스 판데르 포스트는 과거 부시먼으로 알려진 산족이 영양의 일종인 쿠두의 뒤를 쫓는 모습을 시적으로 묘사했다. 영양은 "힘을 비축해두었고 보폭이 길어 움직임이 편리하며, 정신을 온통 추격에 집중하면서도 쉽게 피로해하지 않는다." 이 장면이 내 상상력을 자극했다. 판데르 포스트는 동행과 함께 랜드로버를 타고 달리기 선수 같은 부시먼들을 뒤쫓았는데, 자동차 주행 기록계에 따르면 32킬로미터쯤 달리더니 "마지막 1.5킬로미터는 전력 질주를 했다"고 기록했다. 그는 그중에서도 느호우라는 남성을 관심 있게 지켜보았는데, 느호우는 약 50마리로 구성된 쿠두 무리 중에서 수컷 한 마리의 뒤를 쫓았다. 판데르 포스트는 "이들이야말로 아테네에 마라톤의 승전보를 전달한 그리스인만이 뛸 수 있는 달리기를 했다"고 결론지었다. 인류학자 엘리자베스 마셜 토머스 역시 이 종족에 대해 집필한 저서 『전통: 최초의 사람들의 이야기The Old Way: A Story of the First People』에서 쇼트 크위라는 한 남성이 일 년에 한두 번쯤 영양의 일종인 일런드를 쫓아간다고 했다. 산족의 남성에게 사냥은 의무다. 하지만 단백질은 쉽게 구할 수 있고 사자나 표범을 쫓아내 사냥감을 빼앗을 수도 있기 때문에 그저 식량을 얻기 위한 목적으로 하는 사냥은 아니다. 사냥의 주된, 적어도 즉각적인 보상은 정신적인 것이다. 사냥에서 오는 흥분은 우리가 금속 덩어리에 불과한 트로피라는 물리적 보상을 바라며 경기에 나가 신나게 달리는 것과 마찬가지로, 사냥꾼이 보상조차 바라지 않고 행동하게 하는 뿌리 깊은 진화적 자극이다.

10

무모하고 완벽한 신기록

시카고 100킬로미터 대회에서의 승리는 물리적인 시간은 물론이고 보이지 않는 상태로 작동하는 생체시계에 대한 승리이기도 했다. 이 시계를 속이는 건 명예로운 일이다. 우리는 가능하면 생체시계를 무시하고 싶어 하기 때문이다. 생체시계는 할 수만 있다면 속이고 싶은 공공의 적이다. 상징적으로나마 생체시계를 무시하는 데 성공한 적이 있던 나는 한 번 더 위험을 감수할 마음이 들었다. 경기에 나가는 대신 전적으로 연구에만 전념하며 경주에 대한 책을 쓰자는 스스로와의 약속을 어기고 다시 무모한 생각을 하게 되었으니, 울트라 마라톤의 또 다른 종목인 100마일 경기에 솔깃해지고 만 것이다.

100마일은 100킬로미터보다 60킬로미터쯤 더 길지만 내 100킬로미터 기록과 당시 막판에 속도를 낼 수 있었다는 점을 감안했을 때, 좀 천천히 뛴다면 더 긴 거리도 해낼 수 있을 것 같았다. 충분히 가능할 것 같았기에 US 오픈 100마일 기록에 도전해보면 어떨까 하는 생각이 들었다.

할 수 있는데 왜 하지 않는가? 게으름 따위는 변명거리가 될 수 없다는 신념 덕에 4년 뒤인 1986년 3월, "울트라 패스트: 네 종목에서 미국 최고의 달리기 선수로 등극한 45세 베른트 하인리히"라는 비현실적인 헤드라인으로 《러닝 타임스》의 앞표지에 실리게 되었다. 독일의 《디 차이트》와 《슈피겔》에서도 나를 표지에 올렸다. 이 새로운 시작은 메인 주 브런즈윅 지역의 육상 클럽인 메인 로디스와 함께였다.

메인 로디스는 아주 독특한 집단이었다. 마치 저세상 문화에서 온 사람들처럼 보든대학교 400미터 트랙에서 생전 들어본 적 없고 미친 거나 다름없는 비정규 거리에 도전하며 48시간 달리기 경기를 했다. 그리고 이 말도 안 되는 정신 나간 짓을 자랑스러워했다. 이런 사람들이라면 내 생각을 지지해주겠다 싶은 마음에 나는 포틀랜드의 서던메인대학교 심리학 교수이자 모임의 대장 격인 빌 게이턴에게 물었다. "제가 이번 이틀짜리 대회에서 100마일 미국 신기록에 도전해보면 어떨까요? 한나절이면 될 것 같은데요." 빌과 모든 회원은 열광했다. 분명 내가 충분히 100마일을 뛰고 신기록까지 세울 수 있을 거라 생각했기에 동의했을 것이다.

경기 당일, 희부연 해돋이와 함께 보든대학교 트랙에 날이 밝았다. 기상 예보는 울트라 마라토너에게 최악의 소식을 전했다. 밝은 햇살과

32도의 낮 기온. 달리는 이들에게 더위는 살인 도구나 마찬가지다. "몸은 어때?" 참모 역할을 맡은 매제 찰스 F. 수얼이 아침 8시 30분, 동네 맥도날드에서 물었다. 나는 100마일 경주에 필요한 에너지를 보충하기 위해 두 번째 프렌치토스트를 주문하고 커피도 설탕은 빼고 크림만 넣어 두 잔째 마시던 참이었다. 아침에 달리는 걸 좋아하지 않는 내게 커피는 몸의 신진대사를 활성화하는 데 도움이 되었다. 정확히 30분 뒤에 경기가 시작될 예정이었다. 태양은 어느새 중천에 떠 있었고 날씨는 벌써 죽을 만치 더웠다. 더위는 몸에서 기운을 빼내간다. 설상가상으로 열기는 근육에 영양분을 공급해야 할 혈액을 피부로 끌어당긴다. 나는 실망스러웠고 지금까지의 연습이 물거품이 되면 어쩌나 하는 생각에 두렵기까지 했다.

나는 100마일 신기록을 세우러 왔고 정직하게 도전할 준비를 마쳤지만, 가능성이 실현되려면 하나부터 열까지 모두 완벽해야만 했다. 그러나 실상은 그렇지 않았다. 어떻게 해야 할지 몰라 그냥 집에 갈까도 싶었지만 그러기엔 몸도 마음도 훈련에 너무 많이 투자한 상황이었다. 그때 이런 생각이 떠올랐다. '아무래도 밤이 낮보다 시원하겠지?' 게다가 정규 울트라 경기에서 새로운 종목에 도전하는 게 목표라면 24시간 경주도 있었다. 더위가 방해되는 건 하루 중 절반뿐이니, 낮에는 좀 천천히 뛰다가 밤에 본격적으로 속도를 올리면 100킬로미터를 넘어서는 장거리 기록과 함께 새로운 울트라 경기 기록도 세우는 셈이었다. 확률은 낮지만 얻을 것은 더 많았기에 나는 그 자리에서 100마일 달리기에서 24시간 달리기로 목표를 바꾸었다. "좋아, 갑시다!"

계획했던 한나절 경주에서 밤낮으로 달리는 경주로의 충동적인 변경은 쉽지 않았고 마땅히 준비된 것도 없었다. 24시간 경주를 달리려면 대회가 있기 일주일 전부터 이틀은 공복으로 지칠 때까지 뛰어서 탄수화물을 고갈시키고, 다음 이틀은 탄수화물을 섭취하는 방식으로(당시는 표준인 관행이었지만 이제는 쓸데없는 것으로 취급된다) 경기 시작 직전에 마지막 대변이 나오게 조절해야 한다. 하룻낮과 밤을 꼬박 뛴다는 건 한 번도 생각해본 적이 없었지만 이런저런 생각과 걱정이 밀려들기 전에 결정을 끝내버렸다. 드디어 20여 명의 주자가 트랙 출발선에 섰고 '제자리에, 준비, 출발!' 소리에 귀 기울일 시간이 다가왔다.

일단 출발하자 과정은 순탄히 진행되었고 큰 문제는 없었다. 생각보다 시간이 빨리 지나갔다. 달리면서 즐거운 일을 떠올리거나 몸을 무의식적으로 움직여 머리를 비우며 시간과의 싸움에서 잠시 벗어났다. 나는 내 몸을 기계처럼 취급하기로 했다. 움직임을 미세하게 조정하면서 다리 동작과 호흡의 리듬을 생각하고, 정신을 집중해 몸을 이완시키며 부드럽게 스텝을 밟아 자동조종장치를 가동할 생각이었다.

몸동작을 잘 조절할 수 있도록 세세한 부분까지 인식하고 리듬을 느껴보았다. 걸음마다 발이 땅을 차고 같은 쪽 팔이 반대 방향으로 흔들리며 균형추 역할을 하는 동안 앞으로 내딛는 다리의 엉덩이는 살짝 앞으로 이동했다. 평소에는 오른쪽 발이 앞으로 나아갈 때 오른쪽 팔과 엉덩이가 어디에 있는지, 또 뒤쪽에 있을 때는 어디에 있는지 딱히 의식하지 않았다. 그러나 몇십 번에 걸쳐 걸음을 관찰한 후, 나는 각 부위의 상대적인 움직임을 파악하고 의도적으로 의식하기 시작했다. 그러자 그 몸짓들을 통제할 수 있게 되었고 조금은 성큼성큼 달리게 되었다. 나는 다시 적당하다고 느낄 때까지 보폭을 교정하고 조정하면서 단계적으로 마음을 이완했고 반대쪽에서도 같은 일을 하는 동안 몸이 자동으로 달리게 했다. 마침내 나는 머릿속에서 좌우 양쪽을 동시에 장악했고 동작이 매끄럽게 통제되었으며 경제적으로 움직였다. 그런 다음 비로소 나는 꿈속으로 돌아갈 수 있었다. 한 바퀴, 또 한 바퀴… 끝없는 바퀴가 이어졌다. 오후가 되어 146킬로미터를 달렸을 무렵, 동료 주자이자 생물학 동료인 F. 대니얼 포크트가 나를 보러 와서는 따뜻한 커피를 건넸다. 배가 고플 때면 찰스가 건네주던 이유식으로부터의 반가운 일탈이었다.

곧 밤이 되었고 세상은 으스스할 정도로 고요해졌다. 찰스는 트랙 옆의 자기 자리에 고꾸라져 잠이 들었고 그렇게 내가 물이나 먹을 것을 달라고 부탁했을지도 모르는 몇 바퀴가 지나갔다. 끝없는 밤이었다. 나는 완전히 깨어 있는 대신 몇 초지만 가끔 마음을 놓아버렸다. 단, 곡선코스에서는 까딱 잘못하면 트랙에서 벗어나기 쉬우므로 직선코스에서만 눈을 감고 찰나의 잠을 청했다. 첫 까마귀가 울고 마침내 새벽이 오기를 바란 열망이 채워지던 순간을 잊을 수 없다. 태양이 떠오른 뒤에는 몇 시간만 더 달리면 끝이었다.

정말 태양이 환하게 떠올랐고 금세 다시 더워졌다. 누군가는 걷기 시작했고 또 어떤 이는 졸았다. 병원으로 이송된 사람도 있었다. 나는 직선코스에서 눈을 감으며 잠을 좀 더 청했다. 동료 주자 중에는 눈을 감는 대신 한쪽에 검은 안대를 착용한 사람도 있었다. 알고 그런 건지는 모르겠지만 검은 안대를 착용한 주자는 사실 새와 돌고래의 전략을 사용한 것이다. 새와 돌고래는 한쪽 뇌에서 다른 쪽 뇌로 옮겨가며 잠을 잔다. 그래서 돌고래의 경우 자는 동안에도 뇌의 절반은 깨어 있는 상태이기 때문에 바다를 가르며 계속해서 이동할 수 있다.

경주는 전날 시작했던 바로 그 시간에 끝날 예정이었다. 나는 누구보다 빨리 달리고 있었고, 주최 측은 기록을 파악하고 있었다. 뒤에서 다들 내가 미국 24시간 달리기 최고 기록에 가까워지고 있다며 수군댔고 흥분이 고조되고 있었다. 누군가가 나에게 가능성이 충분하니 조금 더 박차를 가하라고 말했다. 세상에 맙소사. 꼭 해내고 말겠어. 손만 뻗으면 닿을 곳에 신기록이 있잖아. 불과 몇 미터로, 아니 1미터로도 바뀔 수 있는 게 기록이다. 어쩌면 옆에서 지켜보는 사람들이 나보다 더 내 성공을 바라고 있을지도 몰랐다. 그 마음을 알 수 있었다. 그들도 주자였으니까. 마음으로 나와 함께 달리고 있다는 걸 느꼈기에 실망시켜서는 안 됐다. 나는 이 경기에 아주 많은 걸 투자했기에 얻을 것도, 잃을 것도 너무 많았다. 고작 1미터 때문에 기록을 놓친다면 그간의 고생은 모두 헛수고가 되는 거였다. 그래서 달리기라는 종목이 놀랍고 대단한 것이다. 버텨보자. 나는 혼자 읊조리며 스스로에게 말했다. 한 바퀴, 이번 한 바퀴만 더 뛰자. 지금은 그게 전부야. 다른 건 없어. 이번 한 바퀴만 집중하자.

마침내 30분밖에 남지 않은 순간이 다가왔다. 기온은 32도까지 솟구쳤고 목이 말랐다. 게이턴이 트랙 옆에 물을 채운 큰 통을 설치했고 우리는 몇 바퀴마다 한 번씩 물속에 머리를 처박았다. 얼마 안 지나 물에서 비린내가 났다. 누군가가 다가와 깨끗한 물이 담긴 종이컵을 건넸다. 나는 물을 들이켜고 계속 달렸다. 146킬로미터까지 달린 후 밤이 오기 전에 포기한 동료 선수 대런 빌링스가 옆에 오더니 말했다. "거의 다 왔어." 하지만 어디에 다 왔다는 건지는 말하지 않았다. 끝날 시간이 다 됐다는 말인가? 아니면 기록이? 어쨌거나 그의 의도는 충분히 전달되었다. 더 빨리 뛰라는 것.

끝날 시간이 얼마 남지 않았다는 걸 알았을 때 나도 모르게 몸속에 비축된 에너지를 찾아냈다. 머릿속으로 앞으로 남은 시간과 비축해둔 에너지가 고갈되는 양을 계산했다. 앞에서 첫 80킬로미터를 1킬로미터당 5분씩 달려왔고, 마지막 10킬로미터에서는 4분 27초로 속도를 높여 4분 23초까지도 기록할 수 있었다. 머지않아 심판이 방아쇠를 당기고 총소리가 들릴 것이었다.

정말 총소리가 들렸고 나는 그 총에 맞은 것처럼 쓰러졌다. 분필로 기록이 표시되고 마지막 1미터까지 정확한 거리가 측정되는 동안 트랙에 납작 엎드려 있었다. 기록관들이 나를 그늘이 있는 옥외 관람석까지 질질 끌고 가서는 내 몸을 얼음물에 담갔다. 그러자 순식간에 몸에서 격렬한 경련이 일어나기 시작했다. 그 모습을 보고 놀란 게이턴이 서둘러 구급차를 불렀다. 사이렌 소리가 들렸다. 사람들이 나를 들것에 실어 날랐고 다음에 기억나는 거라곤 포틀랜드 병원의 편안한 침대에 누운 상태로 정맥주사를 통해 혈액에 식염수가 흘러 들어가고 있다는 것뿐이었다. 목사가 방에 들어오더니 내 옆에 서서 뭐라고 말을 걸었다. 하지만 나는 웃었다. 몸은 이미 회복되는 중이었고 죽지 않을 거라는 걸 느꼈다. 수분 보충과 휴식, 따뜻한 침대가 마법을 부렸는지 기분이 더없이 좋았다. 나는 탈수 상태였고 그저 더위에 탈진했을 뿐이었다. 사실 얼음물에 몸을 담그는 대신 물 한 컵 마시고 그늘에 누워 몇 분 쉬면 될 일이었다. 5분이면 괜찮아졌을 것이다.

내 몸은 뛰는 내내 쌓인 열기를 제거하기 위해 할 수 있는 모든 걸 했고 또 잘해왔지만 마지막 몇 킬로미터를 달리는 동안은 물을 마시지 않았기 때문에 수분이 부족한 상태였다. 그런데 총소리와 함께 경기가 종료된 직후, 내부에서 생산되고 외부에서 유입된 열기로 가득 채워진 몸이 얼음물에 담궈지면서 체온이 단번에 곤두박질친 것이다. 그 바람에 원래라면 뇌의 체온조절 시스템이 말초 혈류를 통해 서서히 열을 식혀야 했을 것을, 오히려 열을 생산하고 말초 혈액을 감소시키기 위해 몸을 격렬하게 경련시키는 방향으로 역행한 것이다. 병원에서 휴식을 취한 뒤에는 완전히 정신을 차렸다. 통증은 물론이고 쓰러진 하루가 아예 존재하지 않은 듯했다. 졸리지도 않았다. 그저 하루가 통째로 삭제된 것 같은 기분이었다.

수개월 동안 머릿속을 맴돌던 목표는 100마일 기록 달성이었다. 그러나 정작 도전을 마쳤을 때 마흔셋의 내 육체는 252.2킬로미터를 달려 US 오픈 24시간 달리기 신기록을 세웠다. 나중에 안 사실이지만 이와 동시에 200킬로미터를 18시간 30분 10초에 마쳐 미국 신기록을 세우기도 했다. 육상 경기 전문가 스탠 왜건은 《울트라 러닝》에 "실로 대단한" 경기였다고 선언하며 1983년 최고의 남성 경기로 꼽기까지 했다. 그러나 그전에 의혹이 해소되어야 했다. 마지막 몇 킬로미터를 남겨두었을 때 내 속도는 전례가 없었고, 인증을 담당한 심판들은 모종의 도움을 받지 않고는 있을 수 없는 기록이라 보았기 때문이다.

당시에는 이 경기를 통해, 특히 대런이 참가한 덕분에 다시 100마일 달리기 미국 신기록에 도전하고 또 만족스러운 곤충 체온조절생리학을 연구할 기회가 찾아오리라고는 생각지 못했다. 하지만 이제 더 이상 그만둘 수 없었다.

동물의 운동에서 열생리학, 특히 지구력에 적용되는 체온조절 시스템은 대단히 중요하다. UCLA에서 박각시나방을 연구한 후로 나는 버몬트와 메인에서 밤에 날아다니는 밤나방을 연구하기 시작했다. 이 나방들은 박각시나방에 비하면 몸집이 작은 꼬마나 다름없어서 몸의 열이 더 빨리 소실되지만 그럼에도 진화의 전략상 천적인 새를 피하려면 추운 날씨에도 활동해야 한다. 그런 상황에서는 체온이 충분히 높지 못해 비행 능력이 제한된다. 사람으로 따지자면 겨울의 북극에서 벌거벗은 채로 북극곰을 피해 달아나야 하는 꼴이다.

대런은 메인 로디스 육상 클럽의 회원이었고, 보든에서 경기를 조직한 것도 그였다. 대런은 매사추세츠 네이틱의 미군 연구소에서 실험실 테크니션으로 근무하며 북극을 포함한 다양한 기후 조건에서 병사들을 위한 의복을 설계하고 시험하는 일을 했다. 군에서 사용하는 장비 중에 열화상 카메라가 있었는데, 북극 환경에서 착용한 옷에서 열이 새어 나오는 위치를 색깔로 구분하는 데 쓰였다. 한편 곤충생리학을 연구하면서 나는 밤나방이 다양한 부위, 특히 머리와 복부의 열 손실을 줄이기 위해 어떤 도움을 받는다는 가설을 세웠다. 그러나 내가 가진 온도계(열전대)는 크기가 너무 커서 탐침 자체가 실험체의 열기를 빼앗아 체온을 낮추기 때문에 정확도가 떨어졌다. 반면 열화상 카메라는 실험체와 직접 접촉하지 않고도 이미지를 통해 온도를 기록하므로 내가 원하는 데이터를 얻을 수 있을 것 같았다.

대런은 24시간 달리기 경기를 뛰는 내 모습을 보자 구미가 당겼고, 그에게는 내가 구할 수 없는 열화상 카메라가 있었다. 이 장비는 사람을 대상으로 몸의 어느 부위에서 얼마나 열이 발생하는지를 다양한 색상으로 정확히 보여주었고, 나는 이 카메라가 나방에 대해서도 동일한 정보를 제공할 거라는 생각이 들었다. 대런은 인체생리 테스트를 위해 연구소의 러닝 머신을 뛰는 조건으로 사용을 허락해주겠다고 했다. 꽤 괜찮은 거래라 생각한 나는 바로 응했다.

나는 파란색부터 빨간색까지 내가 알아야 할 것을 정확히 보여주는 밤나방의 열화상 카메라 사진을 얻었고 그 결과를 《사이언스》에 보고했다. 표지에는 나방의 털가죽에 해당하는 부위를 찍은 컬러 사진이 실렸다. 연구의 대부분은 《실험생물학 저널》에 확장되어 소개되었고, 나중에는 《사이언티픽 아메리칸》에도 발표되었다. 반면 내가 대런의 연구소 러닝 머신을 달려서 생산한 데이터는 《울트라 러닝》에 논문으로 게재되었다.

그리고 뜻밖의 결과가 찾아왔다. 러닝 머신 결과를 본 대런은 고령에도 내가 100마일 달리기에 출전해 미국 신기록을 세울 수 있을 거라 보았고, 자신의 데이터를 뒷받침하기 위해 이 가설을 시험해야 한다고 고집했다. 결국 대런은 나를 국제 육상 클럽인 스리 친모이에서 주최

한 24시간 달리기 대회가 열린 온타리오의 오타와까지 태워다주었다. 24시간 달리기에 다시 도전할 이유는 없었지만 대런과 내가 가능하다고 생각한 US 오픈 100마일의 기록은 시도해볼 만했다.

어떻게 도전하지 않고 배길 수 있을까? 운명이 던지는 건 잡아야 하는 법이다. 그렇게 마흔넷의 나이에 몬트리올로 향한 나는 결국 US 오픈 100마일 신기록을 세웠다. 12시간 27분 2초의 기록은 대런의 예상에 근접했다. 이 대회에서는 경기 내내 한 번도 멈추거나 걷지 않았다는 것 말고는 달리 기억나는 게 없다. 한 가지가 더 있다면 400미터 트랙에서 한 선수를 두 번째 추월했을 때 그가 내 뒤에서 "티퍼레리까지는 갈 길이 멀다네. 갈 길이 멀다네"라고 노래를 불렀다는 것 정도다. 아마 그 선수는 내가 24시간 경주를 뛰는 줄 알고 그렇게 달리다가는 금방 지칠 거라 생각한 것 같다. 또 하나, 경기 후 머리가 벗어진 한 남성이 와서 축하한다고 말했는데, 알고 보니 그 사람은 스리 친모이였다. 그는 되고자 달리고, 이루고자 되고, 대담한 열정과 변치 않는 쾌활함만 있다면 세상 그 무엇도 실패하지 않고 이룰 수 있다는 메시지와 함께 달리기로 초월을 설파하는 세계적인 신비주의자이자 평화 지도자였다.

그날 오후에 경기를 끝내고 24시간 달리기 선수들이 뛰는 모습을 보며 쉬고 있을 때 스리 친모이가 다가왔고, 나는 그가 채식주의자라는 걸 알고는 흥미를 느꼈다. 마침 대런이 정성껏 준비한 육즙 가득한 스테이크를 게걸스럽게 먹던 참이었기 때문이다. 대런은 분명 예전 로디스에서 있던 어느 경기 후 뒤풀이 자리에서 스테이크가 인기 있던 걸 기억해 가져왔을 것이다. 그때 그 경기가 내내 맥주만 마시며 달린 경기였는지 초콜릿 아이스크림을 먹으며 달린 경기였는지는 잘 기억나지 않는다. 둘 중 하나가 더 낫다고 느꼈을 테지만 어느 쪽인지는 경기 조건에 따라 달라질 것이다. 나는 관련된 어떤 데이터도 본 적이 없어서 직접 알아보고 싶었고, 따로 실험까지 해보았다. 결국 아이스크림만 먹었을 때는 우승 후 기록까지 세웠지만 맥주를 마셨을 때는 우승은커녕 완주하지도 못하고 중도 포기했다. 제대로 알아내려면 몇 번 더 실험해야겠지만 아무래도 더운 날에는 맥주가 제격일 것 같다. 스테이크는 에너지를 제공하는 용도가 아니라 손상된 근육을 재건하기 위함이다. 평소 오래 달리다 보면 요소의 냄새를 맡곤 했는데, 요소는 단백질을 분해해 질소가 방출되는 과정에서 생성되는 부산물이다. 달리는 중에 단백질을 먹지는 않았지만 몸이 체내의 단백질을 태워 연료로 사용했을 수도 있다.

일 년 뒤, 나는 한 살 더 늘어난 나이를 이용해 45세 이상 장년부에 처음으로 출전했다. 또 브런즈윅에서 열린 다른 메인 로디스 행사에 참가해 다시 한번 트랙 위에 올랐고, 80킬로미터와 50킬로미터에서 모두 45세 이상 부문 신기록에 도전했다. 결과는 훨씬 좋았다. 나는 7시간 12초로 100킬로미터 울트라 마라톤 US 오픈 전 연령 대상 신기록을 세웠다.

11

멈추지 않는 페이디피데스처럼

On the Road
to Sparta

　1985년까지 나는《울트라 러닝》잡지에서 닉 마셜이 "이 시대의 가장 훌륭한 미국 울트라 마라토너"라고 치켜세울 정도로 많은 오픈 울트라 마라톤 기록을 세웠다. 대단히 영광스러운 칭찬임은 분명하지만 공을 들인 부분은 아니었다. 당시 나는 버몬트대학교의 생물학과 교수로서 보다 세심하게 학생들을 신경 써야 했다. 게다가 벌과 까마귀의 사회적 행동 전문가였으며 친구이자 동반자로서 큰까마귀와 오랜 애정을 쌓으며 깊은 관계를 맺고 있었다. 그러다 보니 어쩌면 일반적일지도 모르는 큰까마귀의 사회적 행동에 흥미로운 질문을 던지게 되었다. 달리기와 마찬가지로 연구도 사회적인 과제였다. 우리는 '큰까마귀 라운드업'이라는 행사를 열고 예전에 매기와 내가 캠프를 지은 메인주의 숲에 대형 조류장을 세웠다. 이 공사는 맥주와 화덕 돼지구이가 어우러진, 수백 명의 자원봉사자들과 함께하는 즐거운 이벤트였다. 마셜은 그해의 가장 주목할 만한 울트라 마라톤 선수 열 명을 선정했고, "가장 기대할 만한 선수 베른트 하인리히는 속 빈 강정이었다"라고 썼다. 그건 내가 신체 활동을 하지 않아서는 아니었다. 나는 메인 로디스 트랙에서 또 한 번 100킬로미터를 7시간 11초에 마쳤다. 그보다 더 중요한 건 한 달 뒤에 아테네에서 열릴 그 유명한 스파르타슬론 대회가 있었다는 거다. 그즈음 주로 하던 운동이라면 숲에서 동물 사체 끌고 다니기였는데, 새들을 추적하기 위해 전나무 아래 눈 속에 숨어 몇 시간씩 기다리거나 시야를 확보하려고 종종 가문비나무 꼭대기까지 올라가기도 했다. 그러나 모든 비용을 지원받으며 아테네에서 스파르타까지 총 245킬로미터를 달리는 명망 있는 스파르타슬론 대회에 초청된 것은 가던 길에서 잠시 벗어날 가치가 충분한, 남은 생에 다시 오지 않을 기회였다.

나는 박사과정 학생인 브렌트 이바란도가 물방개류의 잠수생리학으로 쓴 박사 논문을 기념하고자 함께 동아프리카로 연구 여행을 다녀온 뒤 2월부터 본격적으로 달리기 시작했다. 몇 년 전 탄자니아와 케냐에서 진행한 도미누스왕똥풍뎅이 연구에 대한 후속 연구로, 남아프리카에서 쇠똥구리 열생리학을 연구하는 데 그를 데려갈 생각이었다. 새만큼이나 덩치가 큰 저 곤충을 다시 연구하기 위해 브렌트와 나는 사자가 어슬렁대는 지역에서 똥을 싸는 코끼리들 틈에 머물러야 했다. 그 상황에서 달리기는 언감생심 생각할 수도 없었다. 그러나 버몬트로 돌아온

다음부터는 2월부터 4월까지 일주일에 평균 32~48킬로미터를 달렸고 5월 말부터는 120킬로미터로 늘렸다. 마침 그 무렵 북극 환경에서 뒤영벌의 적응 방식을 조사하기 위해 일주일 동안 알래스카 우트키아빅(과거의 배로)에 다녀왔다. 해안가에 자리 잡은 연구 기지에서는 북극곰이 나타날까 무서워 달리기를 하지 않았다. 전혀 예상치 못한 뜻밖의 1마일 경주를 제외하면 말이다. 믿기지 않겠지만 그건 프랭크 보재니치의, 프랭크 보재니치를 위한, 프랭크 보재니치에 맞선 경기였다. 그가 누구인고 하니 100킬로미터 미국 기록 보유자로, 시간과의 싸움에 영감을 준 장본인이었다. 나는 그때 이후로 여태껏 그가 어디에 있는지 모르고 지냈다.

우트키아빅은 북극해에 맞닿은 알래스카 북쪽 가장자리에 있는 작은 이누이트 마을이다. 그곳에서 경찰로 근무하던 프랭크가 이누이트인들 틈에서 나를 알아봤거나 내 존재를 경계했을지도 모른다. 우리는 서로를 알아보고 너무 놀랐다. 울트라 마라토너로 뛰는 계기가 된 브래틀버러 50킬로미터 US 챔피언십 대회에 함께 참가한 이후로 지난 5년간 소식을 주고받은 적이 없었기 때문이다. 이런 곳에서 만나리라고는 꿈에도 생각지 못했다. 프랭크는 1마일 경주에 도전장을 내밀 기회를 놓치지 않았다. 이 경주는 지역 이누이트들까지 합세해 제법 큰 경기가 되었다. 우리는 약속 시각에 맞춰 북극해 연안을 따라 줄을 섰고 프랭크는 처음부터 앞으로 치고 나가서는 끝까지 선두를 놓치지 않았다.

알래스카에서 돌아와 메인의 큰까마귀와 함께하는 캠프에서 나는 "첫 달리기"라는 제목으로 다음과 같이 일지를 썼다. 달린 거리에 비해 중요한 사건이 있었던 짧은 나들이였다.

6월 21일까지 빈둥거리며 지냈다. 한 달 동안 한 주에
64~120킬로미터를 달렸다. 심지어 29킬로미터밖에 달리지
않은 적도 몇 번 있는데 나쁘지 않았다. 모두 감을 잡는 과정의
일부였다. 나는 여전히 252킬로미터를 달린 그 사람이 맞을까?
자신은 있었지만 한편으로 겁이 나기도 해서 어느 쪽에
가까운지는 잘 모르겠다. 이번 주부터 훈련을 시작했다. 일요일은
23킬로미터, 화요일은 24킬로미터, 오늘 아침에는 34킬로미터를
달렸다. 아침 8시에 시원한 가랑비가 내린 덕에 오후는 웨브
호수의 32킬로미터 루프를 전속력으로 돌며 내가 어떤 상태인지
알아보기 딱 좋은 타이밍이었다. 그런데 고작 16킬로미터
지점에서부터 문제가 생겼다. 카르타고 피자집 모퉁이를 돌 때
이미 최고 기록에서 16분이나 늦은 상태였고 이후로 한없이
느려졌다. 매 걸음 서서히, 야속할 정도로 힘이 빠졌다. 머리가
어지러워 한 발짝도 떼기가 힘들었다. 겨우 24킬로미터를 달렸을
뿐, 절반도 가지 못했는데. 저혈당이었다. 뭘 좀 먹어야 했다.
먹을 것을 달라는 몸의 하찮은 외침으로는 다리가 멈춰지지 않자
머리와 이성이 말했다. "계속 앞으로 발걸음을 옮기고 싶다면
입에 뭘 좀 집어넣어야 해." 나는 가장 가까운 농가를 찾아가
무작정 문을 두드린 다음, 안에서 나온 여성에게 물었다. "혹시
쿠키나 빵 조각 좀 얻어먹을 수 있을까요?" 그 여성은 흰 빵을

들고나오면서 "쿠키는 없네요"라고 말했다. 나는 곤죽 같은 빵을 굶주린 늑대처럼 쑤셔 넣은 뒤 가던 길을 마저 갔다. 서서히 발이 다시 떨어지기 시작했다. 웰드 가게에 도착해서는 가게 주인인 게리에게 (외상으로) 주스 두 병과 밀키웨이 캔디바, 바나나를 얻었다. 그 무렵 다시 정신이 혼미해져서 다리를 들 수 없었지만 간식을 먹고 정신을 차려 1.6킬로미터 정도 되는 언덕을 올라 집으로 돌아왔다. 도착해서는 신발도 벗지 못한 채 그대로 침대에 쓰러져 깊이 잠들었다. 첫 훈련으로는 너무 과했던 모양이다. 32킬로미터를 달리는 데 3시간 3분이 걸렸다. 그리스에서 달릴 날은 9월 27일이다. 대회 당일에 몸 컨디션이 좋을 거라는 보장 없이 지금부터 4개월 동안 일주일에 두 번씩 이 과정을 견딜 용기가 내게 있을까? 혹시 모든 걸 잃게 되는 건 아닐까? 차라리 에베레스트산에 오를 준비를 하는 게 더 쉬울지도 모르겠다.

나는 다시 버몬트로 돌아와 7월에 278킬로미터, (로디스의 100킬로미터 경기를 포함해) 8월에 780킬로미터, 그리스에 가기 일주일 전 210킬로미터를 달렸다. 이 정도면 준비가 되었다고 생각했다. 스파르타슬론 전날, 나는 아테네에서 레이 더 케이라고도 불리는 레이 크롤레비치를 만났다. 레이 크롤레비치는 내 친구이자 사우스캐롤라이나주 컬럼비아에서 온 달리기 선수였고, 예전에 여러 차례 경기를 함께 뛴 적이 있었다. 자기도 이 대회에 참가한다고 말한 뒤에 그가 덧붙인 말이 나를 긴장하게 만들었다. "베른트, 자네는 이 경기에서 우승할 수 있을 거야!" 물론 스스로도 기대를 많이 하고 있기는 했지만 다른 사람이 기대하는 건 또 다른 문제였다. 다음 날 아침, 경기 전에 긴장을 풀기 위해 근처 400미터 트랙에서 몇 바퀴를 돌았다. 우리는 여느 평범한 도시처럼 보이는 거리의 칠흑 같은 어둠 속에서 경주를 시작했다. 나중에 나는 이렇게 적었다.

> 우리는 동이 트기 전 어둠 속의 아테네 외곽에서 시내 중심에 있는 올림픽 경기장으로 가는 버스를 기다렸다. 고요한 공기 속에 세계 각국에서 온 선수들이 낮은 소리로 웅성대는 소리만 간간이 들렸다. 모두 내로라하는 선수일 것이고 내가 그중 미국 대표로 선발된 사람 중 하나라는 게 대단히 영광스럽고 감격적이었다. 아직도 꿈만 같다. 한 시간만 지나면 사진으로 보던 고대 올림픽 경기장을 내 눈으로 직접 보게 될 예정이었다. 나는 그곳이 역사적인 기념물 이상일 거라 생각했다. 곧 250킬로미터 경주가 시작될 참이었다.

스파르타슬론은 페이디피데스의 전설을 기리는 대회다. 페이디피데스는 헤모로드로무스라는 일명 낮에 달리는 주자로, 그리스의 산악 지형을 가르며 장거리 서신을 전달하는 전령이었다. 헤로도토스는 그가 전문가라 말했고, 다른 전령들은 "청년이지만 이제 갓 어린 티를 벗어 뺨에 솜털 같은 수염이 자랐다"고 했다. 다시 말하면 고등학교에서 크로스컨트리를 달리던 시절의 나처럼 열정 가득한 날것이라는 뜻이다.

페이디피데스는 동이 틀 무렵 아테네를 떠나 비탈진 산악 지형을 지나서 스파르타로 향하는 총 246킬로미터의 거리를 달렸다. 이 여정을 41시간 아니면 42시간 만에 완주했다고 전해지는데 오늘날의 전문 장거리 선수는, 예컨대 1983년 스파르타슬론의 완주자 15명은 모두 36시간 안에 들어왔다. 내가 예전에 평평한 트랙에서 24시간을 달린 것과 맞먹는 거리를 잘 달릴 수 있을지 많은 선수가 궁금해했다. 이 경주는 고도 1200미터에 이르는 산악 등반을 포함해 많은 장애물이 포진되어 있어 세계에서 가장 힘든 울트라 마라톤으로 유명하다. 대부분 36시간이라는 제한된 시간 안에 이 거리를 정복한다는 목표를 안고 참가하지만, 나는 완주하는 것만으로는 성이 차지 않았다. 내 목표는 일등으로 들어오는 것이었다.

여느 대도시도 붐비는 건 다를 바 없겠지만, 버스 기사가 그리스 운전사만이 할 수 있는 방식으로 아침의 교통 체증을 용감하게 뚫고 나아갔다. 모두 조용했다. 잠에서 깨어나는 도시의 어둠과 시끄러운 차들 속에 갇혀 각자가 꿈과 두려움, 열망을 느꼈다. 폭풍 전 고요 같았다. 갑자기 버스가 끼익하고 서는 바람에 다들 가슴이 철렁했다. 어둠 속 멀리 400제곱미터 정도의 대리석 계단 위에 흐릿한 석조 구조물의 윤곽이 보였다. 바로 올림픽 경기장이었는데 생각했던 것에 비하면 조금 실망스러웠다. 어쨌든 몇 분 뒤면 모두가 여기를 떠날 예정이었기에 다들 운동화 끈을 제대로 맸는지 확인하는 데 신경을 썼다. 사소한 계산 착오가 경기의 승패를 가를 수 있으니까.

혹여 다른 결정적인 세부 사항 중 놓친 건 없는지 염려하는 마음이

들었다. 이 경기에 참가한 두 명의 여성 선수 주위로 기자들이 벌떼처럼 몰려들었다. 남성의 경우는 세 명의 유럽 선수가 관심의 대상이었다. 나는 레이 말고는 아는 사람이 없었다. 겨우 국적만 파악해서 이름의 성과 짝을 지어 외웠다. 레이가 한 번 더 말했다. "이 대회는 베른트 너를 위해 열리는 거야. 네가 이 경주의 다크호스라고. 이길 수 있어." 누군가 나에게 그렇게 말해준 건 그때가 처음이자 마지막이었다.

레이는 내가 잘되기를 바랐다. 우리 두 사람은 서로를 경쟁자라고 생각하지 않았다. 거리와 시간만이 우리의 적이었다. 하지만 우승을 해야 한다는 생각이 불안을 키운 탓에 나는 아무 생각도 하지 않고 긴장을 풀기 위해 애썼다. 우승하고 최고의 상을 받으려면 모든 훈련을 완벽히 마치고 기회를 극대화할 기술과 장비를 갖췄다는 자신감이 있어야 한다. 그다음에는 투지와 회복력, 순수한 추진력과 실행력이 필요하다. 상황이 나빠지고 다른 이가 나를 추월하더라도 내가 상대보다 낫다는 확신을 유지해야 한다. 안 그러면 몸의 잠재력을 꺼내 따라잡을 노력조차 하고 싶지 않아진다. 재능은 훌륭한 선수를 만들지만 위기 상황에서도 뛰어난 성과를 이루려면 뚝심과 황소고집, 심지어는 자기 능력에 대한 과장된 믿음까지 필요하다. 그러나 나는 다른 누군가가 원해서가 아닌, 어디까지나 나 자신을 위해 이 일을 하고 있었다. 이것이야말로 가장 중요한 요인일 수 있다. 반대로 자신감이 너무 지나치면 훈련 중이나 경기 시작 전처럼 신중함이 필수적인 곳에서 노력의 강도를 줄일 수도 있다. 훈련은 이미 오래전에 끝났다. 내가 보고 있는 건 위협적인 괴물처럼 다가오는 경주뿐이었다.

내가 속한 그룹은 16킬로미터 지점에서 긴장을 풀고 길가에서 응원하는 소녀들에게 감사를 표했고, 경적을 울리는 운전사들에게 손을 흔들었으며 박수를 보내는 구경꾼들에게는 미소를 지었다. 내내 발걸음이 가벼워 영원히 달릴 수 있을 것만 같았다. 속도가 느려서 답답할 정도였다. 질문은 하나였다. 충분히 억누르고 있는가? 보통은 혼자 달렸지만 그날만큼은 다른 주자들이 옆에서 함께 달리는 게 즐거웠다. 고속도로를 따라 코카콜라 광고판을 지나 유칼립투스를 스치고 스프레이로 붉은 낫과 망치가 그려진 벽을 통과하니 한 헝가리 선수와 내가 둘이 남아 달리고 있었다. 이미 너무 더웠고 우리는 앞서거니 뒤서거니 하면서 서로 거친 맞바람을 막아주었다.

처음에는 스텝이 한없이 가벼워 전혀 알아채지 못했지만 서서히 의식 속으로 들어오기 시작했다. 포장된 도로에 척, 척, 척 하고 고무 밑창이 부딪히는 소리가 단조로운 리듬에 맞춰 몇 시간째 끝없이 들렸다. 다섯 시간쯤 지나자 아테네 외곽을 완전히 벗어났다. 구불거리는 도로가 바위투성이 해안가를 감싸는 모습을 보니 캘리포니아의 관목림이 떠올랐다. 샌프란시스코 북쪽의 캘리포니아 1번 도로와도 비슷했다. 공기는 건조했고 바람이 불며 태양이 밝게 타오르기 시작했다. 헝가리 선수 키시 키라이 에르뇌는 뛰어난 마라토너였다. 그는 계속 내게 압박을 가했지만 그럼에도 우리는 일부러 짝을 지은 팀처럼 함께 뛰었다. 내가 조금 뒤처진다 싶으면 그가 뒤로 몸을 돌려 어깻짓과 손짓으로 괜찮냐고 물었다. 나한테 괜찮냐고 묻다니! 그의 몸짓을 보며 한 번 더 의심했다. 어쩌면 끝내 그를 제치지 못할지도 모르겠다. 내가 더 약해졌나? 아니면 가파른 언덕 때문인가? 그때 헝가리 선수의 코치가 차창 밖으로 몸을 내밀고는 뭔가를 지시했다. 키시 키라이는 어깨를 으쓱하고는 조금 속도를 냈다. 나도 뒤따라갔다. 그 구간의 리듬이 캣 스티븐스의 노래를 불러왔다. "수많은 여름이 왔다가 가버렸네 / 꿈의 구름 아래로 흘러 흘러 / 부서진 태양을 지나." 정말로 꿈의 구름이었다. 나는 마법에 걸렸다. 동반자인 키시 키라이는 내 친구가 되었다. 그가 손가락으로 앞을 가리키며 저곳에 얼마나 많은 주자가 있는지 알려주었다. 나는 웃으면서 밧줄을 잡아당기는 시늉을 하며 곧 그들을 따라잡을 거라고 했다. 그는 길고 검은 콧수염 밑으로 이해했다는 미소를 지었다. 넓게 펼쳐진 긴 구간 위로 우리 앞에서 달리고 있는 두 명의 주자가 어렴풋이 보였다. 우리는 곧 그들을 추월할 것이었다. 키시 키라이는 기름칠이 잘 된 기계 같았다. 그의 가느다란 다리는 리드미컬하게 뛰었고 두꺼운 가슴은 보이지 않을 정도로만 들썩거렸다. 휘날리는 검은 머리카락 아래로는 결의가 느껴졌다. 아마 키시 키라이도 나처럼 페이디피데스가 무슨 심정으로 이 먼 길을 달렸을지 궁금했을 것이다. 아테네 사람들이 자신의 운명이 담긴 이 소식을 얼마나 고대하고 있을지, 그리고 그것이 온전히 제 두 다리에 달렸음을 누구보다 잘 알았을 페이디피데스의 마음을.

몇 번의 곡선 구간을 더 돌아 덴마크 사람 모겐스 펠을 따라잡았다. 모겐스 펠은 62번의 마라톤을 뛰었고 2시간 16분이라는 기록을 세운 사람이었으므로 경기 시작 전부터 위협적인 존재라고 판단했다. 우리는 그와 몇 킬로미터를 함께 뛴 다음 지나쳤다. 다른 많은 사람처럼 그도 얼마 안 가 시야에서 사라졌다. 나는 키시 키라이도 곧 그렇게 되리라고 생각했다. 80킬로미터 지점, 우리 앞에 있는 건 유고슬라비아에서 온 두샨 므라블레뿐이었다.

한참 달린 줄 알았는데 경주는 이제 막 시작했을 뿐이었다. 그런데도 내가 벌써 키시 키라이에게 뒤지지 않기 위해 애를 써야 한다는 걸 깨닫고 깜짝 놀랐다. 그도 선두를 따라잡으려다 이성을 잃었을까? 나는 키시 키라이를 먼저 보내고 혼자 스파르타슬론 팻말을 따라 내륙으로 더 깊이 들어갔다. 그러자 잘 익은 포도가 주렁주렁 열린 포도밭을 가로지르는 자갈길이 나왔다. 주름이 자글자글한 농부들이 기어가다시피 걸어가는 당나귀 수레를 타고 있었다. 중간중간 마을이 나올 때마다 아이들이 어김없이 뛰쳐나와 나를 맞아주었다. 함께 따라 달리거나 자전거를 타고 쫓아오며 소리치는 아이도 있었다. "미국 사람이에요? 미국 사람이에요?" 한 아이는 내 손에 쪽지를 쥐어줬다. 그 쪽지에는 "사랑해요"라고 쓰여 있었다. 또 누군가는 옆에서 뛰더니 빨간 장미 한 송이를 건넸다. 차마 길에 버릴 수 없어서 몇 킬로미터나 들고 뛰었다. 하지만 갑자기 앞에 기다리고 있는 1200미터 높이의 산들이 떠올랐고, 멀리 그 윤곽이 보이기 시작할 무렵 장미꽃을 떨어뜨렸다.

나는 꾸준히 나아갔고 다시 키시 키라이를 만날 뻔했다. 그러면서 다음 곡선 구간에는 두샨 므라블레가 있을 거라 생각했다. 다시 포장도로가 나타났고 오래된 올리브 숲 사이로 구불구불한 언덕이 가파르게 굽이진 길을 올라갔다. 다리가 무거웠다. 오르막길이라 그런 걸 거라고 생각하며 박차를 가했다. 뒤를 돌아보니 언덕 아래로 멀리서 한 선수가 보였다. 이상했다. 내가 뒤에 있는 주자들보다 한참 앞서 있는 줄 알았기 때문이다. 곡선 구간을 한 번 더 지나니 그가 조금 더 가까워졌고 그러더니 어느 틈엔가 내 옆에 나란히 섰다. 영국인들의 사랑을 받는 패트릭 매키였다. 그는 나를 쳐다보지도 않고 짧고 부드러운 스텝으로 가볍게 지나쳐 갔다. 이제 나는 4등이었다. 낯선 감각이 느껴졌다. 공포였다! 점차 힘에 겨워진 이유는 속도가 빨라져서가 아니었다. 아마 반대로 속도는 느려지고 있었을 것이다. 반면 매키는 옆에 누가 있든 상관없이 처음부터 한결같은 속도를 유지했다.

처음에는 눈에 잘 띄지 않지만 시간이 지나면서 고통스러운 물집으로 발전하는 마찰처럼, 지금까지 장거리를 달리며 조금씩 무리했던 과속이 서서히 그 결과를 만들어내고 있었다. 다리가 쉽게 들려지지 않고 식욕이 사라졌다. 몸 상태는 다리를 계속 움직이게 하는 것조차 버거운 듯했다. 나는 멈춰서 쉬고 먹어야 했다. 그러나 야망과 통증이 판단을 막고 가렸다. 걷는다는 건 있을 수 없는 일이었고 현재의 4등을 유지하는 일조차 더 열심히 싸워야만 가능했다. 만약 좀 더 버틴다면 그사이 다른 사람들이 포기할지도 몰랐다. 지나치게 몸을 혹사한 바람에, 아니면 다리에 쥐가 나거나 물집이 생기거나 경련이 일어나거나 벽에 부딪히는 등 어떤 상황도 벌어질 수 있을 테니 말이다.

130킬로미터 지점을 지나고부터는 당장의 작은 목표를 이루는 데 집중했다. 다음 응급치료소에 도착하기, 다음 언덕을 넘기, 다음 곡선 구간을 지나기. 하지만 그때 이름 모를 선수 두 명이 뒤에서 쫓아왔다. 나는 지금까지 달리면서 그 어느 경주에서도 추월당해본 적이 없었다.

과거의 나는 늘 추월하는 쪽이었고 지나친 상대가 다시 나를 추월하는 일은 없었다. 다시 캣 스티븐스의 노래가 떠올랐다. "끝없이 돌고 돌아/그래요 나는 아주 오랫동안 움직였어요/하지만 위와 아래만이었죠." 과거의 경주들이 마구 떠올랐다. 메인 로디스에서의 24시간 달리기 대회를 생각했다. 비록 처음 120킬로미터까지는 여유로워서 가끔 눈을 감고 달리며 졸기도 했지만 마지막 10킬로미터는 평생 중 가장 고통스러운 경험이었다. 하지만 다시 반복하지 못할 일생일대의 경험이라고 스스로를 타이르며 마침내 깊은 곳까지 도달했다. 두 딸의 웃는 얼굴, 내가 사랑하는 숲, 친구들의 응원에 집중하며 고통을 무디게 만들었고 그렇게 속도를 높여 몇 킬로미터를 더 버텼다. 경기를 마친 후에는 그대로 쓰러져 한 발짝도 더 나아가지 못했고 하루 동안 입원해야 했다. 지금의 나도 고통을 애써 무시해볼 수는 있겠으나 그때처럼 10킬로미터가 아니라 110킬로미터는 더 가야 한다는 게 문제다.

다리가 정말 뻐근했다. 오르막길이든 내리막길이든 그게 중요한 게 아니었다. 매 발걸음이 의지의 발현이었다. 이제 장도미니크 칼베라, 알폰스 에베르츠, 레이 크롤레비치, 루네 라르손, 심지어 모겐스 펠까지 곧 내 뒤꿈치에 따라붙을 게 뻔했다. 그들이 가까워지는 게 느껴졌다. 전에 꾸던 악몽이 되살아나는 것 같았다. 사악한 적을 피해 목숨 걸고 달려보지만 다리가 차가운 당밀 속을 통과하듯 느려지는 꿈. 한 발 한 발 옮길 때마다 스스로에게 물었다. 내가 지금 여기에서 무엇을, 왜 하고 있는 걸까?

날이 어둑해지고 공기는 차가웠다. 몸을 데울 만큼 열량을 태우지 않

왔기 때문이다. 젖은 머리는 말라서 끈적한 덮개가 되었다. 하얀 소금
물이 눈썹을 덮었고 늘어진 팔에도 맺혔다. 고개가 숙여졌다. 언덕을
올라가는 내 몸에 중력은 세상에서 가장 강력한 힘으로 작용했다. 키시
키라이는 중도에 포기했다. 몇 킬로미터 앞 어딘가에서 맥키는 아직도
힘차게 달리고 있었을 거다.

  그 시점에 나를 구원해줄 수 있는 건 아무것도 없었다. 나는 열심히
훈련해왔고 달려야 할 길 외에 지켜야 할 약속이란 없었다. 어차피 그
만둘 거라면 그게 언제든 차이는 없었다. 중요한 것은 다른 주자들을
이기는 것뿐이었기에 더 이상 계속 가야 할 이유가 없었다. 응급치료소
가 눈에 들어왔다. 음식이 있는 테이블에 멈췄는데도 먹고 싶은 게 없
었다. 그저 그만 뛰고 싶다는 충동뿐이었다. 누구보다 나 자신이 "끝까
지 못갈 것 같아"라고 말했다. 진료소 직원이 무심하게 말했다. "포기하
면 번호표를 떼서야 해요." 그렇게 간단하게? 번호를 떼면 앉을 수 있
다고? 나는 깊이 숨을 들이마셨다. "알겠습니다." 나는 남은 전부를 바
칠 때까지 멈추지 않기로 했다.

12

진화적 선택

Pacing

하루주기시계는 생물체가 적절한 시간에 활동하도록 준비시킨다. 꽃이라면 꽃가루받이에 최적인 시간에 꽃잎을 열게 하고, 벌이라면 꽃이 피는 시간에 날아가서 꽃꿀과 꽃가루를 수집하게 한다. 동물은 해가 질 무렵에 잠을 자고 새벽이면 깨어나 활동을 시작한다. 극한의 달리기는 생리 시스템 작동이 굉장히 중요하다. 단번에 최대치가 가동될 수 없으므로 시간을 두고 하나씩 기능이 활성화되어야 하며 대부분의 생명 시스템이 동기화되어야 한다.

스파르타슬론에서는 6시간의 시차 때문에 유럽인들이 하루 먼저 도착한 미국인들보다 유리했을지 모르지만 그게 나와 레이 크롤레비치의 차이를 설명하지는 못할 것이다. 그는 내가 꿈도 꿀 수 없을 만큼 많은 경주를 뛰었음에도 나와 견줄 만한 적이 없었지만, 결국 잘 완주했다. 한편 나는 마흔다섯 하고도 일년의 절반이 지나면서 일년주기시계의 제동 효과에 부딪혔는지도 모른다. 하지만 한 달 전만 해도 충분히 100킬로미터를 소화하던 내가 어쩌다 96킬로미터에서 고꾸라졌을까? 신체 시스템이 회복하는 데 한 달이라는 시간이 부족했던 걸까? 재건하고 회복할 시간이 충분하지 않으면 정말 몸이 소진되는 걸지도 모른다. 어쩌면 내가 맡은 요소 냄새는 영양을 충분히 섭취하지 못해 근육 조직이 타면서 나는 냄새였을 수도 있다. 혹시 몸에서 결정적인 생리 과정이 충분히 활성화되기도 전에 너무 성급히 달려 속도 조절에 실패한 걸까? 한 경기에서 소비하는 총 에너지는 처음에 빨리 달리다가 뒤에 느려지든, 천천히 시작해 마지막에 속도를 높이든 똑같다. 어떻게 그렇게 경기 초반부터 몸이 완전히 무기력해졌을까? 어쩌면 인간이 아닌 다른 동물에게서 그 답을 찾을 수 있을지도 모른다.

좋은 예로 알래스카의 썰매 개, 허스키와 맬러뮤트 품종을 들 수 있다. 수일에 걸쳐 진행되는 1850킬로미터짜리 아이디타로드 개 썰매 경주에 참가한 개들은 생존의 도구로써 일상적으로 달리는 다른 어떤 동물종보다 킬로그램당 더 많은 열량을 태운다. 이 개들은 한 번에 최대 14시간을 달리는데, 그렇게 몇 번을 달리고 나면 그때부터 놀랍게도 전보다 더 힘차게 뛴다. 일정 시간을 달리고 나면 대사 시스템이 스위치를 올리는 것처럼 말이다. 어떻게 경기 중에 개들의 달리는 능력이 감소하지 않고 오히려 더 증가하는지는 알려지지 않았다. 그러나 나무 위에 사는 작은 회색나무개구리*Hyla versicolor*에 대한 연구가 지구력의 생리학적인 단서를 주었다. 바로, 개구리들이 큰 소리로 울며 에너지 소비 속도를 조절하는 방식이 그것이다.

생리생태학자에게 회색나무개구리는 몸이 꽁꽁 언 상태로 겨울을 나는 능력으로 잘 알려져 있다. 그러나 여름철, 특히 수컷에게는 짝을 구하기 위한 격렬한 연습이 중요하다. 수컷은 보통 다른 수컷들과 한데 모여 자신을 어필하는 울음소리로 암컷을 유혹하는데, 작은 몸집에도 불구하고 사람과 맞먹는 크기의 소리를 낸다.

우선 개구리는 목 주머니를 풍선처럼 부풀린 다음 펌프질을 통해 근육에서 강제로 공기를 빼낸다. 그리고 공기를 성대 위로 밀어내는 힘으로 진동을 일으켜 소리를 낸다. 소리가 클수록 멀리 있는 암컷에게 전달되므로 이런 특징과 능력을 물려받은 수컷의 자식이 더 많이 태어난다.

이렇게 시끄러운 개구리들에게 적용되는 자연선택의 제한 요소는 한 번이 아니라 장기적으로 소리를 유지할 때 에너지를 소비하는 능력이다. 회색나무개구리에게는 밤새도록 진행되는 공연에서 시간당 1400번에 이르는 울음소리가 이에 해당한다. 수컷 개구리가 야행성 성악 연습을 지속적으로 유지하기 위해서는 근육계가 동원된다. 이는 인간의 장거리 달리기에 해당한다고도 볼 수 있으며 에너지 측면에서 다른 변온 척추동물의 경우 보기 힘든 고비용 활동이다. 이런 과시 행위는 유일하게 암컷이 안전한 은신처인 나무껍질에서 나오는 시간인 밤에만 진행된다. 낮 시간에는 거의 완벽하게 위장하고 있어서 몸을 움직일 때만 눈에 띄기 때문이다.

생물학자 시어도어 L. 타이젠과 켄트우드 D. 웰스는 실험실에서 산소 소비율을 통해 수컷이 울음소리를 내는 데 드는 에너지 비용을 측정했다. 다른 수컷들과의 샤우팅 경쟁 결과는 한 개체가 하룻밤에 낼 수 있는 소리의 횟수에 달렸다고 추정된다. 개구리 합창에서 한 개체가 내는 소리의 빈도는 오후 8시 30분 기준 시간당 600회에서 30분이 지난 9시에 1400회로 늘어났다. 개구리들의 젖산(운동의 부산물로, 충분한 산소 섭취를 통해 제거되지 않으면 운동을 방해한다) 수치는 운동이 시작되며 증가했지만 계속 더 빈번하게 울면서 이전 수치의 절반으로 떨어졌다. 즉, 젖산을 태워 증가한 양을 상쇄할 수 있을 만큼만 천천히 소리의 속도를 증가시키는 쪽으로 대사를 조정했다는 뜻이다. 이런 속도 조절 방식은 인간의 달리기에도 적용할 수 있다. 인체 운동생리학자 데이비드 코스틸은 저서 『장거리 달리기에 대한 과학적 접근A Scientific Approach to Distance Running』에서 본격적으로 운동에 들어갈 때까지는 달리는 동안의 산소 섭취량이 최대치에 도달하지 않음을 그래프로 보여주었다.

개구리는 제자리에 앉은 상태로 소리를 지르지만 그럼에도 이 운동은 인간의 달리기와 비슷하다. 울음소리나 걸음 수가 최고치에 도달하려면 젖산이 충분히 분해될 수 있도록 속도를 천천히 증가시켜 젖산이 축적되는 것을 피해야 한다. 내가 《울트라 러닝》에 발표한 논문 「개구리가 가르쳐준 교훈The Lesson of the Frogs」에 쓴 것처럼, 초기의 느린 속도가 오히려 나중에 더 많은 운동으로 이어지기 때문이다. 이 논문의 전체적인 주제는 생존과 번식에 도움이 되어 진화한 생리적 한계였다.

개구리의 경우, 짝짓기 운동의 부담은 오롯이 수컷의 몫이다. 암컷도 밤이 오면 수컷을 찾아 활발하게 이동하지만 수컷의 울음소리에 비하면 이동에 드는 에너지 비용은 소소하다. 수컷은 오직 정자만 제공해 여러 암컷을 수정시킬 수 있지만, 암컷은 철마다 딱 한 번 번식하며 많은 종이 평생 한 번의 번식 기회를 갖기 때문에 까다롭게 선택할 수밖에 없다. 결국 암컷은 수컷이 많이 모여 선택이 편리한 장소로, 즉 울음소리가 가장 크게 들리는 곳으로 향한다. 반대로 그 장소는 암컷이 가는 곳이므로 수컷들이 합창에 합류해야 하는 곳이기도 하다. 증폭된 합창 소리 덕분에 암컷을 끌어들이는 데는 유리하지만 여럿이 모인 만큼 경쟁도 치열하다. 이렇게 하는 것은 비단 개구리만이 아니다.

언젠가 여름철 숲을 지나다가 한 종으로 보이는 수백, 어쩌면 수천 마리의 작은 파리가 보스턴 마라톤 대회라도 열린 듯 한자리에 모여 구애하는 모습을 보았다. 그런데 마라톤과는 달리 평행이 아닌 수직으로 움직이고 있었다. 춤파리과에 속한 이 파리들은 우리처럼 포식자로 태어난다. 수컷은 미래의 짝에게 신체적 강인함, 민첩함, 지구력을 과시하며 암컷은 훌륭한, 적어도 끈기 있는 수컷과 짝을 짓고 싶어 한다. 이 요건을 충족한다는 건 곧 필수적인 사냥 능력을 갖추었다는 뜻으로, 후손을 남기고 진화를 이끄는 자질을 결정한다. 인간과 차이점이 있다면 춤파리는 날면서, 우리는 뛰면서 먹이를 쫓는다는 점이다(적어도 과거에는 그랬다).

왜 군이 파리를 예로 들었는지 궁금할지도 모르겠다. 내가 곤충을 선택한 이유는 그들이 인간보다 최소 일억 년 이상 오래 경험을 쌓으면서 한 쌍이 생산하는 수백 마리의 새끼 중 평균적으로 한 마리만 살아남아 번식하는 극심한 선택압을 겪어왔기 때문이다. 여태껏 인간은 그렇게까지 심하게 선별된 적이 없기 때문에 곤충을 통해 자연선택에 따른 미래의 인류를 엿볼 수 있다고까지 예상할 수 있다. 지능은 낮지만 효율적인 곤충들의 행동을 인간과 비교하면서 적어도 나는 그렇게 생각했다. 내가 만약 달릴 수 없어진다면 날고 싶을 것 같다. 파리를 관찰해보니 꽤나 재밌을 것 같았기 때문이다. 이들의 구애 행동은 춤추는 것처럼 보여서 '춤추는 파리'라는 일반명이 붙기도 했다.

춤파리의 상하 비행 춤은 무의미해 보이지만 사실 전혀 의미 없는 움직임이 아니다. 이들은 회색나무개구리 합창단과 같다. 구애 비행은 이른바 레크lek라는 단체 구애 장소에서 벌어진다. 이곳에서 수컷들이 모여 자신을 과시하면 암컷이 와서 평가한 다음 그중 하나를 짝으로 선택한다. 이런 상황에서 암컷이 선택하는 최고의 자질은 건강이나 활력과 연관되어 있을 것이다. 하늘에서 오래 머무는 수컷은 구애 집단에 참여하는 것만으로도 짝을 얻을 확률을 높일 수 있으므로 비행 지구력은 중요했다. 그러나 시간이 지나면서 암컷은 수컷의 비행 패턴을 평가하도록 진화했다. 그렇다면 수컷에게는 단순히 비행에 참여하거나 지구력을 뽐내는 것 말고도 암컷을 매료시킬 만한 다른 것을 제안해야만 간택되는 선택압이 가해졌을 것이다. 어떤 수컷 춤파리는 암컷이 다른 곤충을 먹고 사는 포식 동물이라는 사실을 활용해 춤이 선사하는 성적 유혹과 더불어 곤충의 사체로 암컷을 유혹하기 시작했다. 그 기술이 춤파리들 사이에서 점차 유행하면서 암컷은 선물을 제공하는 수컷과 우선적으로 짝짓기를 했다. 그러나 먹이 제공이 차츰 매력 수단으로 자리 잡자, 어떤 수컷들을 이런 암컷의 기호를 자신에게 유리하게 활용했다. 곤충학자 에드워드 L. 케슬이 힐라라 마우라*Hilara maura*라는 춤파리 종을 보고한 내용에 따르면, 수컷은 시각적으로 눈에 띄고 더 커 보이게 만드는 흰색 실크 주머니에 선물을 포장했다. 포장의 효과 덕분에 수컷은 크기가 작은 먹이를 사용할 수 있었고, 눈에 띄는 포장술을 이용해서 보이는 것보다 내용물을 더 적게 제공하는 쪽으로 진화했다. 그러다 결국은 화려한 포장 속에 아무것도 넣지 않는 지경에 이르렀다. 이는 마치 초콜릿 상자로 구애하던 남성이 나중에는 장식만 요란할 뿐 속이 빈 상자를 주는 것에 비유할 수 있다. 나는 이미 시장에서 비슷한 포장술을 많이 봐왔다. 음식이 든 아름다운 포장 상자를 집에 가져와 열어보면 3분의 1이나 절반은 비어 있었다. 크기만 클 뿐 가벼워진 선물 덕분에 몸까지 가벼워진 춤꾼들은 묵직하고 충실하게 선물을 채운 수컷보다 더 민첩하고 오래 비행할 수 있었을 것이다.

　인간은 이런 수준의 정교함까지 발전시키지는 못했지만, 또 실력이 아주 형편없는 것도 아니다. 하루는 마트에서 자두를 산 적이 있는데 상자에는 먹음직한 자두가 사방에 잔뜩 그려져 있었다. 그런데 실제로는 절반만 채워져 있는 걸 보고 꽤나 놀랐다. 이 상자는 쉽게 운반하기 위해서가 아니라 실제보다 더 많이 든 것처럼 보이게 디자인된 것이다. 또 한번은 투명 플라스틱 상자에 담겨 내용물이 보이는 블루베리를 샀는데 막상 먹으려고 열어보니 상자 바닥이 불룩 솟아 공간을 크게 차지하고 있었다. 솟은 부분이 블루베리에 가려 겉에서는 보이지 않았던 것이다. 물론 이런 기술은 성선택을 위한 건 아니지만 많은 사람이 옷과 화장품처럼 겉모습을 다르게 보이도록 만드는 각종 기술을 잘 활용한다. 신발 산업도 그 어느 때보다 상업화된 육상 분야에서 꾸준히 발전해 '성적 매력'을 강화한 제품을 생산 중이다(참고로 나는 달리기와 관련해 돈이나 돈으로 환급될 수 있는 그 어떤 물건도 받은 적이 없지만 제안이 들어왔다면 기꺼이 받아들였을 것이다).

물질적 보상이 궁극적으로 예상치 못한 결과를 초래한다는 사실은 꼭 언급하고 싶다. 미국 춤파리종인 람포마이아 론지카우다*Rhampho-myia longicauda*의 경우, 수컷의 선물 시나리오에 반전이 일어났다. 수컷들이 하도 푸짐하게 선물을 제공하는 바람에 오히려 결혼 선물을 두고 암컷들이 경쟁하는 상황이 벌어진 것이다. 이후 수컷은 짝짓기 상대를 고르는 눈이 까다로워졌고, 복부의 분홍색으로 부푼 주머니처럼 자신을 가장 많이 광고하는 암컷에게 관심을 갖기 시작했다. 수컷에게 선택권이 넘어가자 그때부터는 암컷이 무리를 지어 모였고 수컷이 그곳으로 날아와 암컷을 평가하고 선택했다.

물론 모든 과정에서 정작 개구리와 파리들은 이런 일이 왜 일어나는지 몰랐을 것이다. 동물은 선별되어 DNA에 새겨진 프로그램을 실행하기만 할 뿐이다. 인간은 적어도 눈앞에서 벌어지는 일에 대해 자신이 무엇을, 왜 해야 하는지 알 수 있기 때문에 유전적 제약에서 벗어날 힘이 있다. 그럼에도 인간 역시 고대 조상의 행동과 생리를 반영한 선천적 프로그램에 무의식적으로 영향을 받으며 그대로 행동한다. 달리기를 생계 수단이 아닌 짝을 고르는 조건으로 보는 것도 이 때문이다.

달리기는 식량을 구하고 포식자에게서 도망치는 데 도움이 된다는 점에서 암컷과 수컷 모두에게 유익하다. 이 능력은 인간이 수백만 년 전 형편없는 사냥꾼으로 시작해 대형 고양잇과나 갯과 동물들이 죽인 사체를 먹고 살던 아프리카의 너른 벌판에서 특히 장점으로 여겨졌다. 나는 이 인류 진화의 요람에서 독수리들이 하늘에서 맴돌다가 포식자가 죽인 사체로 내려오는 모습과 한낮의 열기를 견디지 못한 사자가 먹이를 앞에 두고도 그늘에서 쉬는 장면을 수시로 보았다. 땀을 흘리는 능력이 있었기에 우리는 독수리가 가리키는 살육의 현장으로 뛰어갈 수 있었고, 먹이를 지키는 맹수가 없는 짧은 틈을 활용할 수 있었다. 더위를 견디고 뛰어다니는 만큼 더 많이 먹이를 구해 자손들을 먹일 수 있었고, 그 결과 땀을 흘리는 반응이 선택됨과 동시에 물에 접근하기 쉬워야 했을 것이다.

인간과 다른 동물(많은 새를 제외하고)의 한 가지 차이점이 있다면 인간의 아기는 무력할 뿐 아니라 상대적으로 몸이 크고 부모가 쉽게 옮길 수 없다는 것이다. 인간의 몸에는 이동할 때 아기가 들러붙을 수 있는 두꺼운 털이 없다. 그러므로 어린 생명은 보호가 필요했고 어미가 아기를 돌봐야 했다. 그 바람에 먹을 것을 구해올 사람이 필요해졌고, 주거지는 물론이며 음식을 제공할 능력과 의지가 있는 짝을 선호하게 되었다. 최근까지도 많은 부족에서 남성은 영양의 일종인 일런드나 쿠두 같은 대형 먹잇감을 구해와 자신이 훌륭한 사냥꾼임을 입증하지 못하면 결혼을 허락받지 못했다. 이는 아마 현대에 와서는 외식, 자동차, 집, 넉넉한 통장 잔고같이 가족을 부양할 잠재력을 나타내는 조건들로 대체

되었을 것이다. 우리 모두는 생물학적으로 역사의 훨씬 이전부터 같은
종족이었으며 진화적으로 선택된 사냥꾼이다.

13

애벌레와 번데기의 운동

Racing Caterpillars
and Exercising Pupae

이사벨라범나방*Pyrrharctia isabella* 애벌레가 길 위에서 빠른 속도로 이동하고 있었다. 나는 다른 애벌레와 비교했을 때 이사벨라범나방 애벌레가 얼마나 빠른지 궁금해졌다. 보통 애벌레는 생전 뛸 일이 없는 동물이다. 식물의 이파리를 먹고 사는데 식물은 도망치지 않으니까 말이다.

1994년 9월, 나는 며칠에 걸쳐 여러 종류의 애벌레를 수집해 비교하고 그 결과를 날짜가 표시된 공책에 적었다. 달리기 초시계를 사용해 총 13종 36마리 애벌레의 속도를 측정했다. 공정한 측정을 위해 섭씨 21~22도의 그늘진 평지에서 이동 시간을 쟀다. 하지만 늘 그렇듯 예상치 못한 긴급 상황이 벌어지면서 결국 25년 동안 나는 애벌레 뜀박질 선수들을 잊고 있었다. 그러다 최근에 우연히 나중에 사용하려고 따로 모아둔 달리기 물품 상자에서 그 노트를 발견했다.

동물의 달리기 속도는 매우 다양하다. 나는 『우리는 왜 달리는가』에서 두 발 보행이라는 주제를 다룬 적이 있다. 일반적으로 다리 수가 적을수록 어느 수준까지는 속도가 더 빠르다. 두발짐승은 네발 달린 세계 챔피언 가지뿔영양에 맞먹는 달리기 속도를 낼 수 있다. 그러나 일반적으로는 다리가 많을수록 절대적으로나 단위 시간당 몸길이에 비해서나 더 느리다(절지동물인 지네와 노래기는 각각 다리가 최대 50개, 200개다). 다리가 많은 게 더 원시적인 형태이며 빠른 속력과 이동성을 진화시키기 위해 줄어든 것으로 보인다. 미국 바퀴벌레 페리플라네타 아메리카나*Periplaneta americana*처럼 빠른 바퀴벌레들도 속도를 내야 하는 상황에서는 두 발로 달리면서 나머지 두 쌍의 다리는 사용하지 않는다(빛에 노출되면 어둠을 찾아 들어가는 시합이라도 하듯 쏜살같이 사라진다). 이와 비슷하게 도마뱀의 일종인 바실리스크도마뱀은 평소에는 네발로 다니지만, 긴급한 상황에는 두 발만 사용해 말 그대로 물 위를 달리듯 도망쳐서 '예수 도마뱀'이라는 별명이 붙었다. 그러나 애벌레는 다리로 도망치지 않는다. 성충처럼 애벌레도 세 쌍의 다리가 있긴 하지만 크기가 작고 모두 앞쪽에 몰려 있어서 주로 먹이를 붙잡고 다루는 일을 한다. 애벌레는 다리가 아닌 몸 전체를 사용해 물결처럼 수축과 이완을 반복하며 앞으로 나아간다.

애벌레들은 출발선에 내려놓는다고 해서 시키는 대로 움직이지 않는다. 그래서 나는 애벌레가 제 뜻대로 움직이기 시작해서 멈출 때까지 이동한 거리를 측정한 다음, 이동 거리당 시간을 측정해 속도를 계산했다. 그 속도라는 게 천차만별이라 재주나방의 일종인 네리케 비덴타타 *Nerice bidentata* 애벌레는 1분에 5.8센티미터라는 느린 속도로 기다시피 한 반면 불나방 애벌레는 1분 만에 무려 259센티미터를 이동했다. 그러나 내 관심은 속도 자체보다 종 사이의 차이에 있었다. 왜 어떤 애벌레는 답답할 정도로 느리고 어떤 애벌레는 40배나 빠른 속도로 움직이는 걸까?

느린 애벌레와 빠른 애벌레를 구분하고 나니 패턴이 보였다. 땅 가까이에서 초본을 먹고 사는 놈들은 꽤나 빠른 속도로 움직였다. 반대로 나뭇잎이나 잎의 일부를 흉내 내는 녀석들은 생전 꿈쩍하는 법이 없었고, 설사 움직이더라도 그 속도가 빙하의 움직임에 맞먹을 정도였다. 중간 속도로 이동하는 애벌레는 평소 먹이가 되는 나무에 머무르면서 식사 장소와 쉬는 장소, 은신처 사이를 오가는 종들이었다. 식성에 따라 이동 속도가 다양하다는 건 어떤 동물에게는 움직이지 않는 게 이롭다는 뜻이기도 하다. 속도란 사냥꾼에게는 사냥감이 있는 곳까지 닿기 위해, 먹잇감에게는 포식자에게서 도망치기 위해 중요하다.

부동성이 방어 수단인 애벌레들도 있다. 움직임은 새처럼 시각 중심적인 포식자의 주의를 끌기 때문이다. 애벌레가 포식자에게 발각되는 위험을 줄이기 위해 진화한 방법으로는 크게 두 가지가 있다. 새들이 즐겨 먹는 애벌레들은 위장술이 뛰어나고 주로 밤에 먹이를 먹으러 다니며, 낮에는 잘 숨어 있거나 아주 천천히 움직인다. 뒷날개나방 애벌레가 여기에 해당한다. 이 애벌레들은 밤에만 나무 꼭대기로 올라가 나뭇잎을 먹고 낮에는 나무줄기의 껍질 틈바구니에 숨어서 눈에 잘 띄지 않는다. 불나방과의 기나이포라 그로인란디카*Gynaephora groenlandica* 같은 애벌레는 가시가 있고 꺼칠꺼칠하다. 이런 애벌레는 맛이 없어서 대부분의 포식자가 기피하므로 눈에 띄든 말든 아랑곳하지 않고 한낮의 개방된 곳에서도 잘 돌아다닌다.

곤충이 진화해온 폭넓은 방식은 포식자가 끝없이 가하는 강한 압박 아래 취약할 수밖에 없는 먹잇감의 진화와 선택압에 대한 관점을 보여준다. 포식자와 먹잇감의 선택압은 포유류가 진화하기 훨씬 전부터 지속되었다. 어떤 곤충은 한자리에 머물면서 위장에 의존해 목숨을 구하지만, 반대로 프로토호미니드protohominid진화적으로 인간의 조상이 되는 원시 동물들—옮긴이와 유사한 곤충들은 열린 공간으로 달려나가 널리 흩어진 먹이를 포획하며 살아간다. 이 전략은 내가 어린 시절 가장 좋아했던 딱정벌레들의 행동과 유사하다. 한번은 보츠와나의 오카방고 삼각주에 설치한 텐트 바깥에서 딱정벌렛과 안티아*Anthia* 속 중에서도 유난히 큰 종을 보았는데, 어찌나 빨리 달리는지 모래땅 위에 떠가는 것처럼 보일 정도였다. 검치딱정벌레라는 일반명으로 불리는 이 종은 날카로운 큰턱 외에도 무시무시한 화학무기를 장착하고 있다. 이 벌레는 최대 30센티미터까지 개미산을 뿜어내 자신을 공격하는 상대의 눈을 멀게 한다. 몸은 검고 가장자리가 밝은 흰색이라 눈에 잘 띄게 진화했지만, 놀랄 만한 방어 능력이 이미 잘 알려져 있으므로 애써 자신을 지킬 필요가 없다. 가이드는 내가 만져보고 싶어 하는 줄 알았는지 절대 손대지 말라고 경고했다.

그레이하운드는 빠르고 닥스훈트는 느린 것처럼 애벌레, 딱정벌레, 일부 파충류, 조류, 사람을 포함한 포유동물도 형태와 구조에 작용하는 자연선택의 결과로 저마다 다른 달리기 속도를 타고났다. 아이디타로드 개들은 달리고자 하는 열망 때문에 다른 개들보다 뛰어난 지구력을 갖췄다. VO_2 Max최대 강도 운동 중 신체가 소모한 산소량—옮긴이는 인간의 달리기 능력이 다양한 이유이며 나이가 들고 운동량이 줄면서 급격히 감소한다. 그렇다고 해서 달리기의 선택압이 전적으로 여기에 좌우되는 건 아니다.

곤충의 유산소 운동은 내가 주기적으로 나방과 뒤영벌의 산소 소비량과 대사율을 측정하던 때조차 미처 생각지 못한 부분이다. 새와 마찬가지로 곤충이 비행할 때 드는 에너지 비용은 몸이 무거워지면 급격히 올라가고, 인위적으로 가볍게 조작될 때(몸을 매달아 스스로 몸무게를 지탱하지 않아도 되게 만든 경우)는 감소한다. 비행 시에 드는 높은 에너지 비용을 최소화하기 위해 곤충이 진화시킨 방법 중 하나는 날개 크기를 키워 날갯짓의 빈도를 줄이고 바람을 타는 돛처럼 활용하는 것이다. 그러나 그런 상황에서도 이들이 힘을 생산하는 날개 근육의 최소 수축 속도(날갯짓의 빈도)는 여전히 인간의 다리 근육 수축 속도(달리는 중의 보속)보다 훨씬 높다. 예를 들어 박각시나방은 초당 50~100번의 날갯짓을 하지만 달리는 인간의 보속은 초당 4보에 불과하다. 인간에게는 보속이 높을 때 작동하는 유산소 능력이 없다. 곤충은 어떻게 그걸 할 수 있는 걸까? 인간에게는 없는 어떤 생리적 특이점을 활용하는 걸까? 더 놀라운 점이 있다. 인간은 미미하게나마 그런 능력이라도 얻으려면 엄청난 훈련을 해야 하는데, 나방과 벌은 껍질에 갇혀 미라처럼 지내다가도 고치에서 나오자마자 한 번의 날갯짓만으로 완전한 비행 실력을 갖춘다는 것이다. 이들은 안정적으로 이륙하고 근육을 수축해 초당 100번 이상의 날갯짓을 한다. 곤충의 근육은 인간과 달라서 연습이 필요하지 않은 걸까? 나는 이 질문을 언제나 이론적이라 여겨왔고 알아볼 수 있는 방법을 고민했다.

나방 한 마리가 번데기로 지내다가 고치에서 나온 지 한 시간 만에 운동에 쓰일 비행근을 훈련할 수 없는 건 당연하다. 번데기는 사지가 없으므로 포식자에게서 자신을 보호하기 위해 애벌레일 때 실을 만들어 몸에 뱅뱅 돌려 감고 그 고치 속에 자신을 단단히 포장한다. 고치에서 나와 부드러운 날개를 부풀려 펼치고 뇌에서 호르몬을 방출해 그 날개를 단단하게 만들 적절한 시기가 올 때까지 거의 일 년 동안이나 꽁꽁 싸맨 채 고치 안에 머무른다. 하지만 일단 고치에서 나오면 최대치에 가까운 능력을 발휘해 비행하기까지 채 한 시간이 걸리지 않는다.

나는 열 살 때부터 애벌레들을 사냥하며 성충이 될 때까지 키워왔지만 우화하자마자 즉시 발휘되는 것처럼 보이는 유산소 능력에 대해서는 한 번도 생각해본 적이 없었다. 그러다 한창 이 책을 작업 중이던 2020년 봄, 책상 옆 창턱에 있던 북미긴꼬리산누에나방 번데기 고치에게서 이 능력을 우연히 발견한 것이다. 일 년 전 여름에 발견한 애벌레였다.

늦은 여름, 북미긴꼬리산누에나방 애벌레가 비단 고치를 만든 걸 보고 이를 철망으로 된 통 안에 넣어서 겨울을 나는 다른 고치들과 함께 가을부터 봄까지 바깥에 두었다. 그러고는 늦은 4월, 집 안의 온기가 일년주기시계를 무시하고 번데기의 발달을 촉진시켜 서둘러 성충으로 우화하길 기대하면서 오두막 안으로 들여왔다. 나방이 번데기의 단단한 외골격을 벗어버리고 고치에서 탈출한 후 몇 시간이 지나기 전까지는 그 크고 연한 녹색 날개가 퍼덕이는 모습을 보지 못한다는 걸 잘 알고 있었기 때문에 내내 관심을 두지 않았다. 그러다 나방이 우화할 일년주기시계 일정에 가까워진 5월 19일, 문득 고치에서 희미하게 1~2초간 버스럭거리는 소리가 들렸다. 번데기 복부의 돌기(그나마 움직일 수 있는 유일한 부분)를 고치 안의 건조한 벽에 대고 비비는 소리였다. 다음 날에도 그 소리가 났다.

갓 만들어진 번데기에는 액체 곤죽이 들어 있기에 북미긴꼬리산누에나방 애벌레는 성충 나방이 되어가고 있는 게 틀림없었다. 먼저 키틴질로 된 번데기 껍질에서 탈출한 뒤에는 부드럽지만 단단한 벽으로 둘러싸인 고치에서 나올 것이다. 마침 동물의 운동과 수명을 생각하던 차에 번데기 소리가 나를 일깨웠다. 번데기가 비행을 준비하기 위해 운동 중일지도 모른다는 생각이 들자, 우화하기 며칠 전부터 연습을 반복할 것이라는 가설을 세웠다.

그때부터는 본격적으로 주의를 기울였다. 다음 날에도 1~2초 정도 빙글빙글 도는 듯 스스슥 하는 소리가 15차례 정도 났다. 그때부터 나는 고치 옆에서 16시간을 지켜보며 운동 시간을 기록했다. 그 다음 날은 15시간 동안 총 23번 소리가 났다. 그리고 3일 뒤, 수컷 나방이 나왔다. 그러나 집 안의 따뜻한 온도로 발달이 빨라진 탓에 이 수컷의 생체시계는 짝을 지을 암컷들의 생체시계와 일치하지 않았다. 그런데도 찾아야 할 짝이 있는 것처럼 과도한 비행 충동을 보였고 하루주기시계의 명령에 따라 밤에만 펄럭대며 날아다녔다. 바깥은 아직 잎이 돋지 않은 상태였고 날아다니는 암컷도 없었다. 결국 이 수컷은 자신을 유혹하는 냄새가 왜 풍기지 않는지 알지 못한 채 자연의 수명대로 약 3일을 살다 죽었다.

나방 번데기의 운동과 비행을 보며 고등학교 시절의 크로스컨트리 선수들이 생각났다. 달리는 게 가장 자연스러운 나이였던 우리는 어떻게, 왜 달리는지 모르고 달렸다. 깊이 생각할 것도 없이 그저 그러고 싶었을 뿐이다. 이유는 없었다. 코치가 훈련을 통해 이끌었지만 우리를 진정으로 이끈 건 타고난 욕망이었다. 보상과 결과는 간접적이고 눈에 보이지 않은 채로 미래의 삶까지 멀리 이어질 터였다.

14

여든의 사슴 사냥

The
Hunt

　우리는 몸 안팎에서 느껴지는 영향력으로 생체시계의 작용을 알아채는 편이다. 그러나 생체시계의 영향은 마음에도 남는다. 시계는 기억을 남기며 한 단계씩 전진하고, 우리는 과거에 일어난 일이 어떻게 가능했는지를 떠올리며 종종 경외와 경이를 느낀다. 이제 나는 나이가 들었고, 예전에는 상상할 수 없던 다른 세상의 단계에 도달했다.

　내게도 맨 처음 벌레, 나비, 딱정벌레를 수집하고 사냥하던 단계가 있었다. 당시는 내게 모든 형태의 생물종이 엔도르핀을 촉발하는 존재였다. 그 단계는 사라지지 않고 30대로 넘어가 과학적 발견을 좇는 사냥으로 바뀌어 스릴을 선사했다. 아마 발견한 내용을 다른 사람들과 나누며 인정받았기 때문일 것이다. 모든 사람은 과거 인간의 의식에 존재하지 않던 경이를 밝히기 위해 사실의 황야를 헤쳐나가는 고된 여정을 통해 느끼는 흥분을 이해할 수 있다. 그 발견이란 인간과는 전혀 다른 해부 구조 때문에 훨씬 높은 체온을 조절하는 작은 나방의 체내 메커니즘이 될 수도 있고, 부주의하게 먹이를 낭비하는 것처럼 보이는 애벌레가 보여짐을 포기하는 대신 잡아먹힐 위험을 줄인다는 걸 발견하는 것 같은 단순한 관찰일 수도 있다. 특히 나는 큰까마귀가 이기적인 본능에도 불구하고 소중한 음식을 공유하는 모습을 관찰하며, 까마귀가 체내에 프로그램된 본능적 반응이나 예상된 학습 반응을 넘어 스스로 사고한다는 걸 보여주는 결정적 증거를 확보했다. 또 통제된 실험 환경에서 큰까마귀가 셋이라는 수 개념을 구분할 수 있다는 것을 보인 것 역시 나에게는 더할 나위 없이 짜릿한 연구 결과였다. 그러나 이런 발견에 이르기 전에 어른이 되기 시작하는 중간 단계가 있다. 이 시기는 아무 이유 없이 반항하는 것처럼 보이는 독립성과 자기만족을 향한 욕구가 특징이며 자유롭고 싶고, 탐험하고 싶고, 새롭고 색다른 곳에 가고 싶은 충동의 표현이기도 하다.

생체시계 초기 단계에서는 자유에 대한 갈망이 변명이나 합리화의 맥락으로 드러난다. 그 욕망이 얼마나 커질 수 있고, 또 그걸 실행하는 데 필요한 논리가 얼마나 허술하고 빈약했는지를 돌이켜 보면 어이가 없을 지경이다. 어릴수록 구체적이고 적절한 목표가 필요하지 않다. 실제로 우리는 순수한 상상력으로 목표를 세우지만 그 결과는 생각하지 않는다. 일의 결과란 객관적 사실보다는 소망과 합리화에 의존한 미지의 미래일 뿐 존재하지 않는 것이나 다름이 없다. 그런 부조화의 대표적인 예로 열네 살 때 굿월학교에서 정학당한 직후, 포터 씨가 처음으로 사슴 사냥에 데려간 날을 잊을 수 없다. 우리는 포터 씨가 살고 있던 집에서 서쪽으로 몇 킬로미터쯤 나올 생각을 하고 내가 현재 살고 있는 곳에서 1.5킬로미터쯤 떨어진 볼드산 산자락에 위치한 숲에 갔다. 너도밤나무, 단풍나무, 참나무가 우거진 숲길을 몇 킬로미터쯤 헤치고 다닌 끝에 찍힌 지 얼마 안 된 사슴 발자국과 발정기 수사슴의 뿔이 긁고 지나간 자국을 보았다. 나는 상상 속에서 사슴을 그려보며 언제든지 나타날 거라 생각했다. 그런데 정말 덤불 반대편 너머에 갑자기 사슴이 홀연히 나타나 서 있는 게 아닌가. 나는 신이 나서 사슴을 가리키며 말했다. "저기, 저기 큰 단풍나무 옆에 보여요?" 아무래도 포터 씨 눈에는 보이지 않는 듯했다. 그는 자신의 윈체스터 레버 액션 라이플의 안전장치를 풀고 내게 건네며 말했다. "쏴봐!" 나는 갈색 털과 뿔을 조준하고 방아쇠를 당겼다. 빵! 큰 총소리가 울렸고 포터 씨가 초조하게 물었다. "잡았어?" 하지만 아무것도 움직이지 않았다. "한 번 더 쏴봐!" 이번에도 마찬가지였다. 가까이 가서 살펴보니 내가 쏜 건 마른 양치류와 잔가지였다. 상상 속에서 풀을 사슴이라 착각한 것이다. 아직 성숙하지 못한 마음은 간절히 원하는 것을 만들어내고 이를 믿기 때문에 크게 오도될 수 있다. 그 마음은 우리가 원하고 바라는 것과 일치하며 큰 악영향을 끼칠 만큼 강력하고도 적절한 거짓을 믿어버린다. 진실을 만들어내는 것에 의심을 갖지 않으면 평화도 진보도 있을 수 없다.

그리고 3년 뒤, 청소년기에 전형적으로 발생하는 소망과 현실 사이의 불일치가 다시 일어났다. 순전히 운이 좋았던 탓에 그 결과는 (나에게는) 아주 긍정적이었지만, 어디까지나 예상치 못한 우연 덕이었다. 사슴의 자취와 열매 달린 너도밤나무에 남겨진 곰의 신선한 발톱 자국에 매료되어 숲에 살고 싶었던 꿈을 키우던 시절의 이야기다. 내 막연한, 아니 정확히 말해 허황된 꿈은 숲에 통나무집을 짓고 사슴과 곰을 사냥하며 까마귀를 벗 삼아 사는 것이었다. 열일곱 소년의 마음으로는 충분히 실현 가능한 현실이었다. 당시 나는 굿월학교에 다니며 갇혀 있다는 기분을 강하게 느꼈고 이로부터 무조건 벗어나고 싶었다.

그리하여 나는 비슷한 생각을 품고 있던 두 명의 친구와 함께 그 숲에서 살기로 작정하고 초봄의 어느 밤에 길을 나섰다. 각자 적어도 하루 이틀은 버틸 수 있는 식량을 챙겨왔다. 우리는 숲에서 살겠다는 생각 외에 다른 구체적인 계획은 세워둔 게 없었다. 경찰을 피해 어둠 속에서 이동하며 이틀 뒤에는 중간 경유지인 우리 집 농장에 도착했다. 어머니가 마을에 일하러 나가신 동안(아버지는 오타와에서 일하고 계셨다) 내 22구경 라이플을 챙길 요량이었다. 하지만 그 멀리까지 가서는 결국 붙잡히고 말았는데, 우리가 어머니의 와인을 한 모금씩 마시고 총을 시험해보았기 때문이다. 줄어든 와인 양만큼 물로 채워 넣고 나서 우리끼리 똑똑한 전략이었다며 자화자찬까지 했는데 말이다. 아무튼 그 결과 친구들은 학교로 돌려보내졌고, 무모한 일탈의 주동자인 나는 학교에서 일 년간 정학 처분을 받은 뒤 우리 집 농장에서 지내게 되었다. 나는 월턴고등학교에 2학년으로 들어가 일 년 동안 다녔다. 비록 정학 때문이긴 했지만 꿈이 실현된 순간이었다. 그 이상의 행복은 없었다. 나는 벌들을 줄 세웠고, 들판 상공에서 춤추는 멧도요를 보며 자유롭게 낚시했으며 가을에는 사슴 사냥을 나갔다.

메인의 서부 숲에서 나처럼 열의에 찬 주민들의 사냥감은 흰꼬리사슴이다. 그러나 산족처럼 무작정 달리며 뒤를 쫓는 대신 매일매일 끝없는 숲속에서 고성능 라이플을 들고 시각과 청각을 동원해 눈 위의 자취를 따라가며 사냥해야 한다.

"네 사슴을 잡아라"라는 말은 아무도 입 밖에 내거나 글로 쓰지 않았지만 당시 메인주 시골의 10대 소년이라면 누구나 알고 있는 암묵적인 통과의례였다. 보통 남성 보호자가 소년이 어린 시절 가장 좋아하던 숲으로 그를 데려가 어린나무에 수사슴이 뿔로 갓 긁어놓은 자국이나 늘어진 전나무 가지 아래를 발로 헤쳐놓은 흔적, 엉클어진 낙엽에 남긴 발자취를 보여주며 사냥을 향한 마음에 불을 지피곤 했다. 열정에 취한 소년은 매일같이 밖에 나가는데, 그 마음 때문에 멀리서 흰색 꼬리의 깃발이 보이는 듯하고 사슴이 잔가지를 밟아 부러지는 소리가 들리는 것 같아, 갓 생긴 발자국의 미묘한 흔적에도 전율하며 활활 불타오르고 바짝 경계한다.

상상 속 사슴을 쏘고 1~2년 후, 나는 포터 씨의 농장에서 돈을 받고 일했다. 아저씨는 이제 내가 다음 단계로 나아가도 된다고 생각했다. 그건 바로 혼자 사냥을 나가는 것이었다. 당시 내가 가진 총으로는 토끼나 부채꼬리뇌조 정도면 몰라도 사슴 사냥은 턱도 없을 거라며 다시 한번 자신의 윈체스터 레버 액션 라이플을 빌려주었다. 1957년 가을, 월턴 고등학교에 다니는 동안 나는 아침마다 농장 근처로 등교 전과 방과 후에 한 번씩 더 사냥을 나갔다. 흔적은 계속해서 보였지만 정작 사슴은 없었다. 그러던 어느 날 아침이었다. 저 앞에 낙엽송을 배경으로 사슴이 보였다. 나는 심장이 벌렁거리는 채로 어깨에 총을 들어 올렸다.

너무 흥분했던 터라 자동조종장치 상태로 계속해서 쏘았다는 것 말고는 다른 세세한 기억은 하나도 나지 않는다. 마침내 사슴이 쓰러졌고 나는 서둘러 학교에 소식을 전하고 싶었다. 내게는 일생일대의 사건이었고 여전히 어제 일어난 일처럼 생생하다. 나는 반 친구들 중 기꺼이 자원한 버디 요크와 브루스 리처즈의 도움을 받아 방과 후에 숲으로 돌아가 사슴을 실어왔다. 흰꼬리사슴이었다. 우리는 사슴을 장대에 매달아 옮겼다. 크기는 작았지만 내가 사슴을 잡았다는 사실 자체가 중요했다. 어머니는 우리가 사슴을 둘러메고 농장으로 가는 모습을 카메라로 찍어주셨고, 이 사진은 지금까지 소중한 추억으로 남아 있다.

옛일을 되돌아보며 그 나이에 내가 (그리고 일반적인 사람들이) 별거 아닌 증거에도 얼마나 쉽게 움직였는지를 생각하면 놀랍다. 커질 수도 있는 일 앞에서 결과를 고민하거나 장단점을 비교하지 않은 채 그저 털끝 하나 건드렸다는 이유로 비이성적인 반응을 하는 건 위험하다. 당시에는 완벽하게 자연스럽다고 생각했으나 지금에 와서 보면 그런 식으로 이목을 끈 행동들이 어처구니가 없을 정도다. 이런 경험 때문인지 학계에서 열정이 지나친 연구자들이 눈을 크게 뜨고 자기가 보고 싶은 것을 찾아 헤매다가 결국 허술한 데이터에서 원하는 걸 봤다고 믿는 모습을 목격해도 놀랍지 않았다. 나는 경험을 통해 긍정적인 교훈을 얻은 것이 행운이었다고 생각한다. 어떤 행동도 위험 요소가 없는 건 아니지만 적절한 상황에서라면 대부분의 변화가 발전으로 이어질 수 있다. 변화는 멀리 넓게 훑다 보면 예상치 못한 순간에 우연히 찾아온다. 그러나 나는 나이가 들어가며 이와는 반대의 입장에서 확실하고 가능한 일들을 고수하는 데 힘썼다. 우리는 자신이 안다고 생각하는 것에 의존하기 때문에 앞으로 나아갈 수 없다. 이러한 이유로 사람에게는 가장 생산적이고 창의적인 나이대가 있는 것이며 우리가 언제, 왜 달리는지에도 같은 원리로 적용해볼 수 있다.

정신적으로 성숙해진다는 건 무엇이 가능하고 가능하지 않은지를 정확히 판단하고 그 차이를 안다는 뜻이다. 나는 갈수록 투자를 하기 전에 이게 내게 얼마나 유리한지 확률을 알고 싶어졌다. 지금의 내게 사슴을 사냥한다는 것은 희박한 기회를 의미한다. 지금 내가 사는 세상은 아프리카 초원에서 진화하는 동안 유전적으로 사냥이 각인되어 영양의 뒤를 쫓던 세상과는 다르고, 오래전 농장에서 일을 배우던 시절과도 다른 세상이다. 한때는 어렸고 사냥꾼이었지만, 이제는 나이가 들어서 사슴 사냥에 열을 올린 게 언제였는지조차 기억이 안 날 정도다. 본능이 사그라든 지금, 사슴 고기를 집에 들고 가봤자 별 의미가 없다. 먹을 것은 식료품점에서 언제든지 살 수 있기 때문이다. 달리기 선수는 고사하고 열정적인 사냥꾼이 되기에도 이제는 너무 늦은 걸까? 어쩌면 과거의 타오르는 열정을 식히는 것 자체가 노화의 일반적인 과정 중 하나일지도 모르겠다. 아니면 새로운 만남을 통해 아직 남아 있을지 모를 열정의 불씨를 다시 살려야 하는 걸까? 나는 그 계절 그곳에서 느꼈던 젊음의 생동을 찾기 위해 유일한 사냥처였던 메인의 캠프 근처 숲에서 찰스 F. 수얼(브런즈윅에서 24시간 경주 때 내 매니저를 자처했던)의 아들인 조카와 함께 사냥을 했다.

2019년 11월의 마지막 주 토요일, 메인주의 사슴 사냥철 마지막 날이었다. 조카는 내가 일어나기도 전에 새벽부터 먼저 밖에 나갔다. 나는 느지막이 일어나서 여유 있게 커피를 끓여 마신 다음 캠프 주위를 한 바퀴 돌았다. 돌아와서는 소파에 앉아 이것저것 끄적대다가 평상시 아침에 달리는 6.5킬로미터 대신 더 긴 9.5킬로미터 코스를 뛰었다. 그러고는 커피를 한 잔 더 마신 뒤 정오가 다 되어서야 슬슬 나와 한 시간쯤 돌아볼까 하며 '바위'로 향했다.

수시로 찾아오는 이곳은 집 한 채 정도 크기의 빙하로 둘러싸인 절벽이다. 봄이면 하층부에 꽃이 만발하지만 지금은 잎이 다 떨어진 산분꽃나무류가 서 있고, 한 번도 벌채되지 않은 활엽수로 이루어진 너른 경사지 가장자리는 여러 그루의 성숙한 솔송나무 때문에 그늘져 있다. 그곳은 습지부터 참나무, 가문비나무가 뒤덮은 능선까지 몇 시간씩 탐험한 뒤 굵은 솔송나무에 기대 쉬면서 즐겨 사냥하던 장소다. 나는 그 무렵 한 달간 거의 매일 그 바위에 가서 한 시간씩 머물며 겨울철에 모이는 새들에 관한 자료를 수집했다. 그날도 그럴 예정이었다. 수사슴만 사냥할 수 있는 철이었고, 적설량 10~12센티미터의 눈보라가 예보된 날이기도 했다.

바위로 가는 북쪽 등산로를 따라 걸을 때 벌써 작은 눈송이가 떨어지더니 오후 1시가 되자 발자국이 찍힐 만큼 눈이 쌓이기 시작했다. 한 시간 정도 앉아 있을 곳을 찾아 올라가 솔송나무 가지 아래에서 눈을 피했다. 일주일 된 눈이 숲 바닥에 아직 남아 있었지만 발자국은 보이지 않았다. 실망스러웠다. 기대할 게 없었지만 사냥철의 마지막 날이니만큼 한 시간은 제대로 채워보기로 했다.

고요함만이 가득했다. 소리가 들리거나 눈에 보이는 건 여기저기 두드려대는 딱따구리뿐이었다. 청설모도 없었고 큰까마귀의 울음소리도 들리지 않았다. 아무 움직임도 없었다. 이렇게 또 한 해의 사슴 철이 지나가는구나 싶었고, 아직 5분이 더 남아 있었지만 그만 일어설 참이었다. 그런데 그때 오르막에서 뭔가 부러지는 소리가 들렸다. 새로 쌓인 눈의 무게를 견디지 못해 나뭇가지가 부러지는 소리인가 싶었지만, 다시 앉으려는 찰나에 멀리서 다른 소리가 들렸다. 분명 나뭇가지 소리는 아니었다. 나는 비탈 위를 바라보았다. 사슴 한 마리가 나도밤나무, 단풍나무, 발삼전나무 숲을 지나 내리막길을 전속력으로 질주하고 있었다. 뿔이 있는지 확인하려면 튀어나온 큰 귀 주위를 자세히 살펴봐야 했다. 아무것도 없는 걸 보니 암컷이었다. 그때 갑자기 또 다른 소리가 들려왔고, 뒤에서 큰 뿔을 단 수컷이 쫓아오고 있었다.

수컷은 이제 열린 공간에 있었다. 포터 씨에게 받은 윈체스터 레버 액션 라이플로 조준하는 순간 사슴이 껑충 뛰어올랐다. 나는 총을 쏘았고 다시 장전 후 한 발 더 쏘았다. 수사슴은 시야에서 사라져 상록수가 우거진 수풀을 지나 내리막길로 향했다. 흔적을 확인하러 사슴이 있던 곳으로 갔더니 눈 위에 피 한 방울이 떨어져 있었다!

자연을 사랑한다면서 왜 사슴을 죽이냐고 물을지도 모르겠다. 도살자 유인원, 혈거인, 생각 없는 아이들처럼 선조들의 삶이 남긴 시대착오적 행동이 아니냐고 말이다. 그럼 내가 아는 인용구 중 자연과 관련해서 가장 심오한 것을 떠올리며 잠시 주제에서 벗어나 생각해보자. 헨리 베스턴은 다음과 같은 불멸의 말을 썼다. "우리는 동물에 관해 지금과는 다른 더 현명하고 어쩌면 신비로운 개념이 필요하다.… 동물은 형제가 아니다. 동물은 아랫사람이 아니다. 동물은 삶과 시간이라는 그물에 우리와 함께 붙잡힌 다른 나라다. 이 땅의 찬란함과 고난에 갇힌 동료 죄수다." 맞다, 동물은 다른 나라다. 동물이 그토록 매력적인 이유도 바로 이것이다. 하지만 내 삶의 바로 지금, 나는 동물들과 더 멀어지지 않았다. 오히려 더 가까워졌다고 느낀다. 그건 아버지가 새끼 곰과 함께 자는 모습을 보았고, 어머니가 애지중지하는 원숭이를 어깨에 태운 것을 보았고, 나 또한 까마귀, 올빼미, 야생 거위, 큰까마귀를 벗으로 삼았으며 아메리카너구리, 스컹크, 개들과 함께 살았기 때문이다. 셀 수 없이 많은 애벌레를 키우며 성충이 되는 모습을 보았고 박새에게 먹이를 주는 건 일상이었다. 나는 일방적이 아닌 쌍방향 소통을 통한 종들 간의 친밀한 연합을 지지한다. 동물을 먹는 건 그런 친밀한 관계의 일부이기에 나는 쥐, 청설모, 닭들을 먹어왔고 피치 못할 사정이 아니라면 로드킬을 지나친 적이 없었다. 우리는 매일 다른 생명체를 먹는다. 반대로 내가 먹힌다고 해도 상관없지만 죽음의 최후가 어떤지 알게 된다면 신경이 쓰일 것 같긴 하다. 나는 그라운드호그처럼 겨울잠을 자거나 회색나무개구리처럼 겨우내 얼음 조각으로 지내다가 이듬해 봄에 살아난다 해도 그다지 개의치 않다. 인간은 죽음을 두려워할 수 있는 유일한 동물이라는 게 나의 믿음이다. 다른 모든 동물에게 죽음은 비밀이기에 두려워할 일도 없다. 죽는다는 건 어려운 일이지만 잡아먹힌다

196

는 건 시련이 아니다. 사냥할 때 내가 가장 신경 쓰는 두 가지는 되도록 이면 동물이 고통 없이 죽음을 맞게 하는 것과 죽은 동물을 하나도 남 김없이 먹는 것이다. 돼지와 닭이 인간에게 먹히기 위해 평생 우리에 갇혀 지내야 한다면 동물에게 그보다 더한 고통은 없을 것이다. 야생에 서 사냥당한 동물은 우리 손에 딱 한 번, 바라건대 몇 초 안에 끝나는 고 통을 당한다. 사냥할 때 짓는 가장 큰 죄가 있다면 상처 입은 동물을 고 통스럽게 하는 것이다.

추격전이 시작되었다. 마치 방금 '제자리에, 준비, 출발!'이라는 신호 를 들은 것처럼 머릿속에 스위치가 켜졌다. 이번 가을 사냥에서 파트너 인 조카와 내가 본 사슴은 죽은 사슴 한 마리가 전부였다. 온몸이 발기 발기 찢겨 피가 온통 낙엽에 튀어 있었고, 나뭇잎 더미 밖으로 어린 수 사슴의 머리가 삐져나와 있었다. 코요테나 곰이 죽인 다음 대부분은 먹 고 나머지는 덮어놓은 것일 거다.

10분쯤 지났을까. 흔적을 뒤쫓다보니 4~6미터 앞에 수사슴이 보였 다. 걸음걸이가 그다지 불편해 보이지는 않았지만, 몇 년 전에 사슴 한 마리가 심장에 총을 맞고도 결승선에 들어오는 단거리 선수처럼 산소 가 고갈될 때까지 100미터를 더 질주한 끝에 숨이 끊어지는 걸 본 적 이 있다. 상태는 알 수 없었지만 어지간히 힘이 센 모양인지 장거리 선 수처럼 달렸다. 그러나 질주하면서 아래로 몇백 미터 더 뛰어가다 풀썩 주저앉더니 피를 몇 방울 더 흘렸다. 그러고는 내가 제 뒤를 쫓는 걸 감 지했는지 다시 점프하며 내달렸다.

지구력 테스트가 시작되었다. 저 사슴을 따라잡을 수 있을까? 아니면 사슴이 나와 충분한 거리를 유지하며 끝내 잡히지 않을까? 사슴은 가본 적 없는 숲으로 나를 이끌었다. 늪으로 가는 내리막길을 따라 풀숲을 통과하고 다시 바위 능선을 올랐다가 한 번 더 아래로 향하며 사슴의 흔적을 쫓아 한 시간을 더 따라갔다. 보폭이 짧아질 기미가 보이지 않자 혹시 어느 순간 발자국들이 교차하는 지점에서 다른 수사슴의 뒤를 쫓게 된 건 아닌지 의심이 들었다. 그때 다시 작은 핏방울 하나를 발견했고 그 사슴을 잘 따라가고 있다는 걸 확인했다.

그러다 있을 수 없는 일이 일어났다. 수사슴의 자취를 급히 따라가는 길은 사방이 온통 깨끗하고 계속 깊어지는 눈밭이었는데, 풀 때문에 발자국이 불분명해진 땅을 지나고 나니 갑자기 흔적이 뚝 끊긴 것이다. 사슴이 나무를 오를 수 없는 줄 알면서도 황당한 나머지 위를 쳐다보았다. 분명 제 발자국을 따라 되돌아간 게 틀림없었다. 흔적이 사라진 지점에서 몸을 돌려 왔던 길로 돌아갔으나 너무 급히 쫓는 바람에 놓쳐버렸다. 아니나 다를까 그 지점에서 발자국은 90도로 꺾어지며 이어졌다. 나는 다시 그 뒤를 쫓았고 같은 일이 반복되었다. 이번에도 방향을 튼 발자국을 따라갔고 오래된 벌목장과 늪에서 바위투성이 언덕으로 이동하며 가파른 비탈길에 올랐다. 가는 길에 곰이 남긴 연기가 모락모락 피어나는 신선한 흔적도 보였다. 참나무와 너도밤나무 아래에 잎을 긁어서 모아놓은 것이다. 갓 쌓인 눈 위에 찍힌 칠면조 자국도 보았다. 나는 꾸준히 이어지는 정보를 받아들여 무의식적으로 처리했고 상상할 수 있는 것 이상으로 보고 느끼며 행동한 다음에는 느낌에 의존해 인식하기 시작했다.

수사슴은 이제 나를 호턴 레지스의 정상 가까이까지 끌고 왔다. 내가 포터 씨와 처음 가을 사냥을 나갔던 고등학교 1학년 때와 같은 나이에 조카가 처음으로 수사슴을 쏜 곳이었다. 중복된 기억들이 그때의 각본대로 다시 공연되는 것 같았고, 어느새 조카와 내가 라이플을 들어 동시에 사슴을 쏜 곳까지 와 있었다. 눈에 들어온 모든 장면은 놀라웠다. 커다랗고 울퉁불퉁 비틀린 나이 든 루브라참나무가 그때 그 모습 그대로 서 있었다. 벌목 차량이 거기까지 들어올 수 없는 덕분에 살아남은 것이다. 그렇게 이 참나무들은 40년 전 기억 속 그날처럼 엄청난 양의 도토리를 생산했고, 그때는 메인주의 숲에서 보이지 않던 사슴, 곰, 야생 칠면조가 낙엽을 이리저리 끌고 다녔다. 이제는 새로 쌓인 눈 때문에 도토리를 찾는 칠면조들이 더욱 눈에 띄었다. 사슴, 곰, 칠면조, 청설모끼리의 경쟁이 더욱 치열해졌고, 스파르타슬론에서의 나처럼 충분히 먹지 못해 약해진 존재들은 코요테가 처리할 것이었다.

칠면조들은 마지막 남은 열매까지 모아 영하의 기온이 이어질 다섯 달의 기근 동안 몸의 온기를 유지하는 데 사용해 살아남을 것이다. 나무가 주는 간접적 포상금인 사슴 고기는 대지와의 유대 속에서 인간과 칠면조를 이어준다. 사슴, 곰, 칠면조가 대지의 선물인 도토리를 보면 좋아하듯이 우리도 우리를 먹여 살리는 동물들을 반긴다. 나는 소고기 대신 사슴 고기를 먹는 게 싫지 않다. 사슴은 내 육체와 영혼을 대지와 연결하기 때문이다.

그 사이 하늘은 구름이 더 짙게 깔려 어두워졌다. 눈이 계속해서 심하게 내렸다. 문득 내가 어디에 있는지 모르겠다는 생각이 들었다. 적어도 두 시간 동안 꾸준한 속도로 달렸고 이제 한 시간 남짓이 지나면 짙은 하늘 아래 세상은 깜깜해질 것이다. 걸음을 멈추고 주위를 돌아보았다. 태양도, 달도, 방향을 알려주는 그 무엇도 보이지 않았다. 불안했다. 이대로 숲에서 밤을 지새워야 할지도, 수사슴을 포기하고 집으로 돌아가야 할지도 몰랐다. 이 사슴이 도대체 나를 어디로 데려온 것이며 나는 집에서 어느 방향으로 얼마나 멀리 온 건지 알 수가 없었다. 눈앞의 가파른 오르막이 낯익어 올라가봤지만 전혀 알 수 없는 곳이었다. 하지만 길을 잃었다고 가만히 있을 수는 없었다. 밤이 다가오고 있었기에 할 수 있는 일은 왔던 길을 되짚어 돌아가는 것뿐이었다.

나는 내 발자국을 역추적하며 급하게 되돌아갔다. 어둠 속에서 하염없이 내리는 눈 쌓인 길을 지나가자니 어느새 천체의 시계와 경주를 벌이는 것 같았다. 내려오는 동안 이런저런 것들이 떠올랐지만 무엇보다 무사히 집에 돌아갈 일을 최우선으로 생각했다. 그런데 신기하게도 오전에 9.5킬로미터를 달렸는데 전혀 피곤하지 않았다. 오히려 평소 원하던 것 이상으로 달리기 능력이 향상된 것 같다고 느껴졌다. 몸이 저항하지 않은 채 계속해서 앞으로 갈 뿐, 속도는 줄지 않았다.

여든 살에 다 와가던 언젠가 초가을에 친구 둘과 근처 산을 오른 적이 있었다. 그중 한 명은 메인주 스포츠 챔피언이자 그 산의 베테랑이었다. 친구는 수사슴이 그랬듯 산 정상에 오르는 내내 우리 둘을 앞서가며 패기를 보여주었다. 그러나 내려올 때는 갑자기 힘이 빠져서인지 똑바로 서지도 못했고 심지어는 우리 둘이 그 친구를 들어 올려 한 발한 발 내딛게 도와주었다. 바로 70대 초반이라는 그의 나이 때문이다.

가파른 언덕에서 하는 등산은 경주나 다름없다. 결승선에 도달하는 건 바람직할 뿐 아니라 절박하기까지 하다. 진정으로 가치 있는 행위이며 단순한 상징에 그치는 게 아니라는 뜻이다.

눈은 몇 시간 전에 찍힌 발자국을 덮었고, 나는 발자국이 완전히 사라지기 전에 앞으로 계속 나아갔다. 마침내 처음 추격을 시작했던 바위까지 되돌아왔고, 곧 남쪽으로 이어지는 산길을 만나 어둠 속에서 오두막으로 돌아올 수 있었다. 나는 그때까지 내내 뛰었다.

사슴의 흔적을 따라간 진정한 산길 달리기였지만, 대부분은 길에서 벗어나 부츠를 신고 라이플을 든 채 가파른 경사를 오르내리는 엄청난 행군이었다. 이제야 깨달았지만 그 사건은 예상치 못한 지구력 생리학 실험이었다. 더 젊고 빨랐다면 그 수사슴을 잡을 수 있지 않았을까. 내 전성기는 이미 오래전에 지나가버렸다. 목숨이 달린 시합이었다면 자연선택의 작용으로 내가 지고 수사슴이 이겼을 것이다. 그러나 현실에서 그런 건 적용되지 않으므로 나는 쓰러지지 않은 것만으로도 이긴 셈이었다. 다행히 무사하게 집에 돌아왔으니 앞으로 또 달릴 수 있었다. 그날 나는 특정한 시간 기록을 달성하기 위해서가 아니라 옳다고 느낀 길로 달리기 위해 무의식적으로 속도를 조절했고, 그리하여 계속 버틸 수 있게 속도를 유지하고자 에너지를 분배했다.

그전 한 달 동안 나는 일주일에 48킬로미터 미만으로 달리는 해이한 상태였다. 체온은 혀 밑을 쟀을 때 섭씨 36.5~36.6도로, 정상 범위인 37도~37.1도에서 약간 벗어났지만 내게는 정상인 상태를 유지해왔다. 사슴 추격을 마치고 돌아온 저녁에는 36.1도였는데 나로서는 정상이었다. 그러나 혀 밑으로 잰 체온이 전부는 아니다. 말초 체온은 더 많은 사실을 드러낸다. 저녁 7시 10분, 내복을 입고 양말까지 신었는데도 22.2도의 따뜻한 통나무집에서 추위를 느꼈다. 입으로 잰 체온은 36.3도였지만 팔이 접히는 곳은 35.1도, 무릎이 구부러진 지점은 34.9도였다. 손가락으로 체온계의 끝을 집거나 발가락 사이로 밀어 넣었을 때 원래 체온이 측정되면 체온계가 삐 하고 신호음을 내야 하지만 아무 소리도 나지 않았다. 온도가 너무 낮아서 체온계가 인지하지 못한 것이다.

곤충과 비교하기 위해 수년간 내 체온과 심장박동 수를 측정해왔고, 어떨 때는 하루에도 여러 번씩 온갖 상황에서 측정하기도 했다. 나는 전처럼 스스로를 기니피그 삼아 동물 비교생물학에서 체온, 에너지 소비, 에너지 균형 사이의 전반적인 관계를 탐구했다. 내 심박수는 평상시에도 분당 30회 중후반 정도로 낮고 체온도 낮은 편이라 거나하게 끼니를 먹은 후에야 흔히 정상이라고 말하는 수치에 도달했다. 대형 변온 파충류처럼 말이다. 이 파충류들은 평소에 체온이 낮지만 푸짐한 식사를 하고 나면 온도가 올라간다. 뒤영벌을 연구하며 이와 비슷한 현상을 발견했는데, 벌들이 적은 양의 꿀을 제공하는 꽃을 찾아 돌아다니는 동안에는 근육의 온도가 크게 낮아진다는 것이었다. 그로 인해 먹이를 찾는 속도가 제한되는 대신 시간은 늘어난다. 이와 같은 원리로 내 몸은 어린 시절부터 늘 비축량이 적었기 때문에 열량을 보존하도록 훈련된 건지도 모른다.

파타고니아의 아타카마 인디언의 열반응을 비교한 오래된 논문이 떠오른다. 논문을 보면 연구에 참여한 과학자들과 달리, 인디언들은 거의 벗은 채로 땅바닥에서 자면서 발의 온도가 그렇게 낮은데도 편안해 보였다고 한다. 논문의 저자는 이들이 에너지를 보전하는 적응 전략으로써 이런 방식을 진화시켰다고 결론지었다. 그러나 이것이 에너지를 보존하기 위해 습득한 뇌의 메커니즘이라는 가설 또한 그럴듯하다. 열 생산에 칼로리를 할당하지 않는 것은 동면이나 긴 경주를 끝내기 위해 미래에 연료로 태울 수 있도록 절약하는 건지도 모른다.

사슴을 뒤쫓으며 나는 구석기 조상들이 수백만 년 동안 해온 일을 비슷하게 해냈다. 이들은 언제, 무엇을 쫓든 굳이 더 빨리 앞서려고 애쓰지 않았다. 열에 잘 견디는 이점을 살려 더운 한낮에 먹잇감을 꼼짝 못하게 하며 사냥했다. 물론 독이 든 무기를 사용해 먹잇감에 상처를 입히고 속도를 느리게 만들어 멀리 달아나지 못하게 하기도 했다. 내가 그날 사슴을 따라다니다가 끝내 밤에 숲에서 살아 돌아오지 못했을 가능성이 적은 건 아니었다. 자연선택은 무작정 속도를 폭발시키는 대신 에너지를 아껴 씀으로써 지구력을 증진시키는 일을 해왔을 것이다.

속도는 최적의 조건에서 연습하고 충분히 먹으면 높일 수 있다. 그러나 장기적인 달리기 중에 음식이 고갈되고 에너지 소비가 연장되면 성장 속도가 저해될 것이다(아마 나중에는 노화 속도의 감소와도 연관이 있을 것이다). 나 정도면 80년하고도 반년이라는 나이치고 정정한 편이긴 했지만 수사슴을 따라잡는 건 생각보다 벅찬 도전이었다. 나는 이제 체온과 속도를 유지하기 위해 먹고 싶으면 더 먹고, 가끔씩 가짜 사슴을 쫓거나 공식적인 산길 달리기에 나가기로 했다.

15

어느 특별한 울트라 마라톤

On a Nature
Trail

열여덟의 달리기는 힘, 단순함, 순수함의 측면에서 가장 육체적이고 원시적이었다. 나이가 들면 기쁨보다는 목적을 갖고 행동하며, 먹이가 나오는 레버를 누르는 실험용 쥐처럼 보상이나 값싼 물질을 얻기 위해 일을 도모한다. 같은 맥락에서 보았을 때 대회에 출전해 달리는 건 선반에 올려놓을 도금된 금속 트로피 때문에 그 가치가 떨어지기도 하지만, 실제로 진정한 보상은 마음속 깊은 곳에 차오르는 쾌감과 보물이다. 그러나 나 같은 달리기 선수들은 누군가를 기쁘게 할 목적으로 속내를 털어놓을 필요는 없으므로, 울트라 마라톤을 구경하는 게 페인트가 마르는 걸 지켜보는 것만큼 재미없는 일이라 해도 상관없다. 달리기는 진짜와의 만남이며 거기에는 노력이 필요하기 때문에 보통 극심한 불편함과도 연관된다. 그럼에도 휴식에서 오는 만족은 피로라는 바탕 없이는 느낄 수 없는 법이다. 달리기는 길고 추운 겨울의 하루 일상을 마치고 난 뒤 난롯가에 다가가는 즐거움과 비슷하다.

울트라 마라톤을 뛰고 난 후 진정한 만족을 느끼지 못한 지는 오래되었지만 그래도 몇 년간 매년 가을이면 10킬로미터 대회를 두 번씩 출전해 뛰곤 했다. 훈련을 위해 나는 매일 집 밖에 나와 바위투성이 길을 내려가서 포장도로를 1.5킬로미터쯤 뛰다가 모랫길로 벗어나 개울 위 다리까지 갔다 돌아오는 6.5킬로미터짜리 코스를 뛰었다. 울트라 마라톤은 이제 내 머릿속에 없다. 해볼 만큼 해봤기에 이젠 끝이라고 생각했다. 학생이자 친구이면서 동시에 울트라 마라토너인 제이슨 마주로프스키가 무심코 어느 특별한 울트라 마라톤에 대해 말해주기 전까지는 말이다.

제이슨은 그 경주가 대체로 시골길의 구불텅한 언덕을 달리는 것과 같다고 묘사했다. 나는 농가와 미역취, 누런 풀이 드리운 들판과 초원이 있는 버몬트 전원의 붉게 물든 단풍나무 숲과 목초지를 상상했다. 그러자 40년 전 거의 같은 장소에서 내게 울트라 마라톤의 불씨를 지폈던 첫 번째 50킬로미터 울트라 마라톤 대회 장면이 떠올랐고 이내 향수에 젖어들었다. 그곳으로 돌아가 그때와 같은 시간, 거리, 장소에서 인생의 마지막 울트라 마라톤을 달려 마침내 시작과 끝을 이을 수 있다면 그런 가슴 벅찬 운명이 또 있으랴. 이것이 2019년 9월 29일 일요일 오전 8시, 셔츠에 1486번이라는 번호표를 달고 브라운즈빌의 출발선에 서게 된 연유다. 여태껏 내게 주어진 번호 중 가장 큰 수였다. 나는 이 울트라 마라톤이 지금까지 달린 그 어떤 경기와도 다르리라는 걸 알고 있었다.

등록한 주자는 243명이고 그중 111명이 여성이었다. 내가 과거에 참가해온 대회에서는 보통 30~40명의 참가자 대부분이 남자였다. 출발 신호가 없는 대회였으므로 기록의 몇 초를 줄이기 위해 맨 앞에 서는 수고를 할 필요가 없었다. 이 대회는 버몬트의 아름답지만 도전적인 풍경을 즐기기 위한 경주라고 홍보되었다. 경치를 즐기는 경주라니. 그게 뭘까?

1.5킬로미터도 지나지 않아 벌써 한쪽에 깎아지른 듯한 낭떠러지가 있는 좁은 흙길이 나왔고 이를 따라 애써 가파른 언덕을 올랐다. 급격한 곡선 구간과 지그재그식 도로가 굽이쳤다. 등산 중에서도 내가 상상할 수 있는 가장 험한 등산로였다. 드러난 나무뿌리 위와 느슨한 바위 사이로 숲을 통과하며 경사가 45도나 되는 오르막길과 내리막길을 굽이굽이 달렸다. 길이 험해 매 걸음을 조심해야 했다. 지그재그 길이 너무 밭아서 한번은 뒤에서 달리던 사람이 내가 경로에서 벗어난 줄 알고 불러 세웠다. 다시 와서 보니 내가 가던 길이 맞았고 나는 같은 길을 또 달려야 했다. 내가 참가한 50킬로미터 경주 말고도 80킬로미터 트레일 경주와 80킬로미터 산악자전거 경주가 같은 코스에서 동시에 진행되던 상황이라, 뒤에서 달려오는 자전거와 부딪히지 않게 길을 공유하며 잘 피하고 물러서야 했다. 자전거 선수들은 내리막길을 위태롭게 달리며 뒤에서 "왼쪽으로!" 또는 "오른쪽으로!"라고 소리를 질러 방향을 알려주었지만 자전거가 그쪽으로 가고 있다는 뜻인지, 아니면 그쪽으로

비키라는 뜻인지는 알 수 없었다. 아마도 대회 지침이 있었을 테지만 물론 나는 읽지 않았다. 이 경기에서 기록은 중요하지 않았다. 시간을 다투는 경주가 아니었으므로 나는 매번 기꺼이 길에서 비켜나 모두 먼저 지나가게 해주었다. 선수들은 하나같이 "고맙습니다", "감사합니다"라고 말했는데, 이제껏 경주에서 한 번도 들어본 적 없는 말이었다.

달리기 선수와 자전거 선수가 위태위태하게 공존하는 와중에 나는 산비탈을 따라 가파르게 굽이치는 경사면과 버려진 농가의 돌벽을 오르락내리락하느라 뛰었다기보다는 거의 기어 다녔다. 생전 해본 적도, 심지어 상상해본 적도 없는 경기였다. 성공이 불가능하다는 점에서 사슴 사냥과 비슷한 면이 있었지만 그 끝에 약속된 건 사슴이 아닌 맥주였다.

사슴을 추적할 때와는 달리 지역 주민들이 길가에서 응급치료소를 운영했기 때문에 즐겁고 반가운 보상이 있었다. 파티 분위기가 흘러넘쳤고 피클 주스를 포함해 각종 음식과 음료를 받을 수 있었다. 내게는 색다른 광경이었다. 마침내 커다란 음악 소리와 함께 축제가 벌어지는 지점에 다다라 결승선인 줄 알았으나 "이제 23킬로미터만 더 가시면 됩니다"라고 적힌 야속한 표지판이 있었다. 나는 지친 나머지 느릿느릿 휘청거리는 몸을 똑바로 세우고 바위에 걸쳐진 나무뿌리에 발이 걸리지 않도록 조심했다. 이 코스가 트레일의 한쪽 끝에서 시작해 반대편에서 마무리되었다면 훨씬 훌륭한 등산 트레일이었겠지만 실제로는 시작했던 곳에서 끝이 났다. 이런 험난한 상황은 비밀이 아니었다. 출전하기 전에 코스 설명을 제대로 읽었다면 아마 그냥 집에 있었을 것이다. 설명서에는 '알파인 경사', '길을 잃으면 경로를 알아서 찾아 돌아가야 한다', '주의가 필요한 490미터짜리 등반 구간을 따라 총 1700미터의 수직 경로', '튼튼한 디딤돌', '바위와 뿌리', '정상 등반을 위한 베이스', '봉우리에서 봉우리로 가는 기막힌 도전'이라고 쓰여 있었기 때문이다.

내가 달리던 시절 이후로 혁명이 일어난 것 같았다. 이 화려한 행사의 목표는 내가 알던 어떤 것과도 달랐다. 우승이나 신기록을 달성하기 위한 대회가 아니었다. 시간도 거리도 상관없었다. 이곳에서 거리는 그저 바위, 뿌리, 곡선 구간, 가파른 산비탈, 날씨처럼 모두 고의적인 장애물에 불과했다. 단, 이 대회에서 마지막 항목은 예외였다. 아마 우연이었겠지만 이날의 날씨는 완벽 그 자체였다.

한 가지가 아닌 실재하는 모든 요소를 어렵게 만드는 것이 이 대회의 핵심이었다. 역경을 이겨내는 게 목표인 것이다. 완벽한 날씨에도 불구하고 중도 하차한 44명의 참가자가 증명하듯 완주는 쉽게 성취할 수 있는 목표가 아니었다. 모든 건 계획된 어려움이었으며 장애물이 곧 성취를 만든 셈이다. 역경이 없다면 성취도 없으니 말이다. 모두가 그 과정을 즐겨야 했다. 아니, 적어도 경치를 감상하면서 즐기고 있다고 자신을 세뇌하기 위한 노력이 필요했다.

첫 번째 트레일 러닝을 통해 나는 새로운 시대를 경험했다. 다른 사람들처럼 힘들면 걷기도 했지만 걸음을 멈춰도 그만두는 것으로 간주되지 않았다. 부끄러운 일이 아니었다. 나는 후반부로 갈수록 비틀대고 휘청거리며 달렸고 계속해서 추월당했다. 나를 지나치는 자들은 "잘하고 계세요! 정말 대단하십니다!"라고 말했지만 나는 겨우 버티는 중이었다. 내 유일한 목표는 어떻게든 끝내는 것이었다.

마침내 결승선이 있는 산자락이 보였다. 최선을 다한다면 거기까지는 갈 수 있겠다 싶었다. 하지만 알고 보니 (다분히 고의로 만들어진) 착시였다. 산자락을 타고 올라갔다가 내려와야 하는 5킬로미터짜리 곡선 구간이 하나 더 남아 있었고 그것까지 마치고 나서야 결승선에 도착했다. 도착지가 낙원처럼 그렇게 커 보일 수가 없었다. 목적지를 앞에 두고 마지막 100미터를 어찌어찌 달린 끝에 무엇과도 비교할 수 없는 안도감이 찾아왔다.

경주가 끝난 뒤 양쪽 무릎이 뻐근하고 아파서 몇 시간은 걷지를 못했다. 그리고 이렇게 생각했다. 다시는 하지 말자. 그럼에도 완주했다는 데서 오는 만족감이 물밀 듯이 밀려왔다. 경기를 끝냈다는 사실 자체가 피로와 통증을 상쇄시켰고 너무나 다행히도 내 무릎은 다음 날 완벽하게 멀쩡해졌다.

울트라 마라톤은 청년들의 스포츠이고 이제는 남성은 물론 여성의 스포츠이기도 하다. 루시 스키너라는 여성이 스물여섯의 나이에 한 명을 제외한 모든 남성을 제치고 2등으로 들어왔다. 예상대로 13등까지의 완주자 중에서 한 사람을 제외한 모두가 20~30대였다. 나는 어린 시절 영웅이자 스물두 살에 달리기를 그만둔 무적의 오스트레일리아인 허브 엘리엇이 떠올랐다. 내 공식 기록은 1초의 100분의 1까지 정확하게 측정되었지만 모두에게 그렇듯 나와는 무관했다. 각자가 달리는 트레일 코스의 다양성 때문에 어떤 기록도 동일한 코스에만 적용되기 때문이다. 완주한 182명 중에서 나는 143등이었다. 20~40세 중 16퍼센트보다 빨랐고 50~60세의 30퍼센트보다 빨랐다. 그러나 70세 이상에서는 독보적인 1등이었고 실은 완주한 사람 중에서 가장 나이가 많았으며 다음 완주자는 나와 열 살 차이가 났다. 나는 군중과 함께 달릴 수 있다는 사실만으로도 감사했다.

　이 대회는 단순한 경주가 아닌 예배 의식이었다. 의례답게 일요일 온종일 열렸고, 메인의 굿윌학교를 떠오르게 했다. 거기서 청소년기를 보낸 나는 의무적으로 일요 예배에 참석했고 예배가 끝나자마자 기숙사인 파이크 코티지로 달려갔다. 잘 다려진 흰 셔츠와 타이, 정장 재킷의 교회 유니폼을 벗어던지고 반바지와 티셔츠로 갈아입은 다음, 자연의 트레일을 따라 숲으로 달려가 새들의 음악을 듣고 주위의 아름다움을 감상했다. 그날 버몬트에서는 커다란 텐트가 교회였다. 교회 합창단 대신 밴드가 있었고, 검은 가운을 입은 채 설교 전 신도석에 앉아 있는 전도사는 없었지만 주최 측은 모든 선수가 훌륭하게 달리기를 마치고 화창한 날 자연의 아름다움을 만끽하기를 기원했다. 경기 후에는 바비큐와 함께 라이브 음악과 공짜 맥주를 즐기며 몸과 마음이 만나는 자리를 가졌다.

　첫 트레일 러닝을 통해 주, 국가, 세계 타이틀을 놓고 뛰던 달리기처럼 기록을 위한 것이 아닌 새로운 차원의 달리기를 경험했다. 장거리 달리기는 자선단체의 지원(경기 참가비로 지원된 후원), 자연 감상(자연환경에서 뛴다는 점에서), 건강(자신의 목표를 직접 정할 수 있다), 통합과 관용(연령, 성별, 국적, 인종, 종교에 상관없이 누구나 참가할 수 있는)을 포괄하는 차원으로 바뀌었다. 이러한 변화는 자연과의 조화와 연대, 선행, 타인에 대한 공감과 배려, 인간으로서의 겸손을 지지하고 촉구한다. 우리가 모든 생명체와 함께하는 공생의 일부라는 점은 그 어떤 생물체도 마찬가지다. 새로운 환경에서 모든 건 하잘것없는 존재가 아니다.

큰까마귀는 특별히 설계된 인간의 뒷다리 대신 특별히 설계된 앞다리를 사용해 머리 위로 높이 날아오른다. 산비탈에서 급강하고 동료를 벗 삼아 날갯짓으로 바람을 타며 인간은 절대 흉내 낼 수 없는 요란한 소리로 서로에게 고함을 친다. 북아메리카대륙 전역의 산악 지대에 사는 검은머리솔새*Dendroica striata*는 함께 모여 3일짜리 2400킬로미터 경로를 멈추지 않고 죽기 살기로 날아 동쪽 해안으로 내려간 뒤, 멕시코만을 건너 남아메리카로 가는 전통적인 비행을 시작한다. 그중 다수가 대륙을 가로질러 알래스카 북쪽에서 동부 해안으로 이동한다. 봄이 되면 또 다른 경로로 플로리다를 경유해 알래스카로 돌아가거나 뉴잉글랜드 북부 산꼭대기에 있는 가문비나무 집으로 이동한다. 우리는 검은머리솔새가 겨울을 피해 이동했다가 다시 봄에 둥지로 오기 위해 반대로 돌아오는 것이라 말한다. 그러나 절대 잊지 말자. 큰까마귀와 검은머리솔새는 그날 나를 포함한 참가자들이 산을 달린 이유와 같은 이유로 그러는 것이다. 그냥 그러고 싶어서 그런다는 말이다. 그게 전부다. 그렇다면 어떻게 진화가 까마귀들에게 그런 마음을 주었을까? 바로, 우리를 즐겁게 만드는 엔도르핀과 행위를 연결 지어 거부할 수 없게 만드는 것이다. 그래서 그 행위는 궁극적인 보상을 생각하지 않는 그 자체의 즐거움을 위한 게 된다. 이 새들, 적어도 그해에 태어난 새끼

는 자신이 어디로, 어떻게, 왜 가는지를 자각하지 못한다. 그 궁금증을
어른에게 물을 수 있는 언어 체계가 없기 때문이다. 큰까마귀는 공기를
가르며 화살처럼 곤두박질치고 검은머리솔새는 바람에 맞서는 대신
바람을 타고 날고 싶어 한다. 우리가 출발 신호를 기다렸다 내달리듯
바람의 신호를 기다리는 것이다.

16

달리기의 수명

*Running
the Clock*

여든 살이 되어도 달릴 수는 있었지만 더 이상의 경주는 무리였다. 적어도 40세와는 말이다. 아마 생체시계가 허락하지 않을 터였다. 대신 이제 생체시계가 내 상대가 되었다. 생체시계는 우리가 목표로 삼을 기록이 합리적이라고 생각하게 해 기대하도록 만드는데, 그 기대치는 그래프로 시각화되어 과연 그 수치를 넘어설 수 있을지 궁금하게 만든다. 오히려 경주하지 않고 순전히 달리기의 즐거움만을 위해 달린다면 더 성공적이라 볼 수도 있을 것이다.

지금 내 앞에는 피터 리겔이 《울트라 러닝》에 〈노화와 둔화〉라는 제목으로 실은 그래프가 있다. 80킬로미터 경주에서 1.6킬로미터를 가는 데 걸린 시간(분 단위)을 연령에 대한 함수로 나타낸 것이다. 이 그래프

215

를 보면 80킬로미터 달리기에서 생체시계가 우리에게 어떤 영향을 미치는지 명확하게 알 수 있다.

　가장 먼저 눈에 띄는 것은 예상한 대로 나이의 놀라운 효과다. 10세에서 80세까지는 느림에서 빠름으로, 이후부터는 다시 느림으로 가는 알파벳 U 자 모양의 곡선이 그려진다. 가장 어린 10세 완주자의 최고 기록은 1.6킬로미터당 9분이고, 마지막인 80세에서는 1.6킬로미터당 12분이다. 그 사이에서는 곡선의 가장 아래 지점이 연령대를 통틀어 세계 최고 기록인 5분인데, 28세 주자의 기록이다. 그래프의 곡선은 매끄럽게 연결되고 전 연령에서 맨 밑에 있는 시간, 즉 가장 빠른 기록은 나이가 적은 사람에서 많은 사람 순으로 다음과 같이 이름이 적혀 있다. 브레이넌(10세), 코르테스(15세), 코르테스(20세), 클레커(28세), 키리크(34세), 하인리히(41세), 코빗(50세), 라텔(58세), 카사디(67세), 모스토우(78세). 코르테스를 제외하고 어느 나이대에서도 동일 인물이 연속적으로 나타나지 않는다는 점은 의미심장하다. 20세 이후에는 최고 성적을 낸 사람이 항상 다른 사람이었다. 다시 말해 기록 달성은 젊어서든 나이가 들어서든 평생 한 번의 짧은 시기에만 가능하다는 뜻이다. 그러나 그 기록은 젊을 때 에너지를 비축하느라 세우지 못하다가 나이가 들어 제 나이대의 기록에 도전하는 사람보다 빠를 수는 없을 것이다. 저 이름과 기록은 언젠가 분명 바뀔 테지만 그 차이는 몇 초에 불과할 것이며 그래프의 전체적인 모양에 영향을 주지도 않을 것이다. 엘리트 범주에 있는 30~50대 남성의 경우, 80킬로미터 기록 시간이 일 년에 2~3분씩 느려지고 이후부터는 둔화 속도가 빨라진다. 이건 단순한 둔화가 아니다. 이어지는《울트라 러닝》논문에서 팻 매켄지는「울트라 마라토너들은 언제 울트라 달리기를 멈추는가?When Do Ultrarunners Stop Running Ultras?」를 통해 남녀 모두 44세가 지나면 극소수의 울트라 선수들만 완주한다고 주장한다. 매켄지는 "우리는 다양한 이유로 울트라 마라톤을 멈춘다"라고 쓴 뒤 이렇게 얼버무린다. "아마도 우리가 더 똑똑하기 때문에." 그러나 내 판단으로 똑똑하기 때문이라는 이유는 의심스럽다.

나는 41세에 1.6킬로미터당 평균 6분 38초의 속도로 80킬로미터 장년부 세계신기록을 세웠다. 반면 테드 코빗이 54세에 세운 기록은 1.6킬로미터당 7분 52초였다. 그가 41세에 경기를 했다면 나만큼 빠르게 뛰었을 것이고, 반대로 내가 54세에 뛰었다면 다른 조건이 모두 같다는 전제하에 그의 기록과 비슷했을 것이다. 그러나 기록이란 보통 모든 상황이 최적일 때 달성되기 때문에 나이라는 변수 외에 다른 조건은 대체로 동등하다. 만약 부족한 점이나 문제가 있었다면 기록은 세워지지 못했을 것이다. 나는 처음으로 미국 신기록을 세운 후 19년 뒤인 60세에 다시 한번 80킬로미터에 도전했다. 노년부에서 신기록이었고 이때 속도는 1.6킬로미터당 8분으로 41세 때보다 82초 느려졌는데, 위에서 말한 그래프와 거의 정확히 맞아떨어졌다. 그 그래프에 따르면 나는 이제 (몸 상태가 아주 좋고 모든 것이 완벽한 경우에) 80세로 80킬로미터를 1.6킬로미터당 14분 30초로 뛰어 12시간 15분 정도에 완주해야 한다. 그러나 캘리포니아의 빌 도드슨이 보유한 기록은 1.6킬로미터당 10분 16초로 훨씬 빠르다. 빌 도드슨은 2015년과 2016년, 2년에 걸쳐 80세에 메이저 대회 기록 네 개를 모두 세운 인물이다. 나는 60년을 달려오면서 내게 주어진 시간을 다 써버렸지만 그는 50세가 되어 달리기를 시작했기 때문에 겨우 절반의 시간밖에 쓰지 않은 셈이다. 나중을 위해 아껴둔 빌 도드슨의 시간은 정신적으로나 육체적으로 내 능력 밖이다.

나는 2020년 5월 10일에 6.5킬로미터 달리기를 하는 동안 꽃같이 아름다웠던 시절이 전부 어디로 간 건지 궁금해 곰곰이 생각해보았다. 그동안 나는 마법 같은 순간들을 달려왔다. 이제는 가까이 갈 수 없기에 더없이 훌륭해 보이는 시간들이다.

과거는 지나갔다. 그러나 언제나 매일의 새로운 기회가 과거 위에 세워진다. 소설 『조용한 돈강And Quiet Flows the Don』에서 미하일 숄로호프는 코사크 민요 〈콜로다-두다〉에서 "꽃들은 어디에 갔나요? 아가씨들이 꺾어갔죠. 아가씨들은 어디에 갔나요? 남편을 찾아 떠났죠. 남자들은 어디에 있나요? 군대에 갔죠"를 인용했다. 음악가 피트 시거는 1960년대 말, 오벌린대학교를 방문하러 가는 길에 비행기 안에서 예전에 읽은 저 구절을 어렴풋이 기억하고 노래를 썼는데, 이후 존 바에즈가 불러 유명해졌다. "꽃들이 다 어디로 가버렸나요. 많은 세월이 흘렀는데."

달리기로 한창 꽃을 피우던 시절은 벌써 오래전에 지나갔다. 시간은 흘러간다. 그러나 꽃이 꺾이고 시들었을지라도 그 씨앗은 싹을 틔울 수 있으며 실제로 그러기를 바란다. 그게 모든 생물을 위해 생체시계가 하는 일이다.

생체시계는 나무가 나이 들어 꽃을 피우고 씨앗을 맺을 때까지 오랜 시간 자라게 한다. 일 년 안에 꽃을 피우고 열매를 맺는 데이지와는 다르다. 비교생물학에서 생식능력을 실현하려는 노력과 수명이 양의 상관관계가 있다는 증거가 있다. 인간에게 번식은 사회적 활동이며 인류 역사 전체를 아울러 자신의 자식이 더 많은 자식을 퍼트리게 도와온 조부모가 가족에 포함된다. 이는 우리가 가깝다고 여기는 사람들의 이익과 삶을 증진하도록 돕고, 이 과정은 뇌에서 생산된 감정에 의해 강화되어 다시 내분비계에 영향을 미친다. 즉, 인간과 다른 동물들이 환경에 연관되는 방식인 것이다. 그러나 우리의 감정은 단순한 감각이 아닌 생각으로도 만들어진다.

내가 있는 통나무집으로부터 30미터 떨어진 곳에서 몇 년 전에 딱한 번 들은 적 있는 노래 소리가 들려왔다. 침대에 누워 생체시계에 관해 생각하는데, 반복해서 "휩-푸어-윌"이라는 세 음절이 울려 퍼졌다. 오후 8시 40분, 소리는 거의 2분 동안 지속되었고 그 뒤로는 고요했다. 그러다가 동이 틀 무렵 산적딱새 한 쌍이 둥지를 보살피며 신선한 녹색 이끼로 가장자리를 장식했다. 곧 거기에 순백색의 알 4~5개를 낳을 것이었다. 하루주기시계는 물론이고 일년주기시계가 행동을 활성화시켜 계절 이동, 노래하기, 짝짓기, 둥지 만들기, 알 낳고 품기, 새끼 먹이기 등을 때맞춰 시작하게 해온 것이다. 이 일들은 감각기관이 지각하고 뇌에서 처리한 환경 자극에 따라 적절한 시간이 되면 발동된다.

존 맥피는 저서 『수상한 지형에 관하여In Suspect Terrain』에서 대륙이 갈라져 오늘날의 대서양을 만든 10억 년 전부터 시작해 시간에 대한 지질학적인 고찰로 책을 연다. 그는 비교적 최근에는 적어도 십수 번의 빙하기가 왔다 갔으며 아마 앞으로 캐나다, 뉴잉글랜드, 뉴욕, 펜실베이니아, 미드웨스트를 50번 이상 다시 찾을 것으로 예상된다고 했다. 우리는 현재 상대적으로 빙하가 사라진 시기에 살고 있다. 어쩌면 맥피가 쓴 것처럼 아직 오지 않은 3킬로미터 두께의 빙하가 "토론토를 파내서 테네시에 투척"할지도 모른다.

아직 남은 시간은 많지만 우리는 파악할 수 있는 것만을 우리와 연관 지을 수 있다. 우리가 자연의 일부이고, 자연이 우리의 수명을 늘린다는 생각을 하지 못하는 사람이 과연 나무를 심으려 할까? 지나 레이 라세르바가 『야생을 포식하다Feasting Wild』에서 쓴 것처럼 "모든 행동이 곧 생태학적 행위"다. 성인으로서 우리의 행동은 대부분 물리적 현실에 뿌리를 둔 생각에서 비롯된다. 인간은 감정에만 의존하는 다른 동물이 할 수 없는 생각을 한다. 그러므로 인간에게는 사회적 역할은 물론이고 심원의 시간 동안 거쳐온 자연의, 가깝게는 개인의 생을 마감한 후에도 확장될 수 있는 자아 내부에서 생성된 장수 가능성이 있다.

17

자연의 소리

*The Church of
Nature*

내가 사는 통나무집에는 소나무 원목으로 만든 거친 테이블이 있다. 껍질을 벗기지 않은 벚나무 줄기가 상판을 지탱 중이다. 겨울철 생태학 야외 수업을 듣는 학생들이 이 테이블에 앉아 밥도 먹고, 숲에서 적어 온 노트를 모으기도 하고, 숲의 동식물상을 주제로 한 토의를 하곤 했다. 저녁에는 다재다능한 친구들의 밴조와 바이올린 연주를 들었고, 일부는 노래에 뛰어들어 램프 불빛과 장작 난로의 온기를 느끼며 나무 바닥 위에서 열광적으로 춤을 추었다. 우리는 매일 숲을 뒤지며 새를 찾고 나무를 탐구하고 눈 위의 포유류 발자국을 추적해 자연을 알아갔다. 일 년 내내 그곳에 머무는 동안 저녁이면 가끔씩 테이블 반대편에 놓인 두 개의 통나무 벤치에 모여 이름과 문양과 자기 생각을 상판에 새겼다. 한 학생은 테이블의 남동쪽 구석에 이런 말을 새겨놓았다. "자연은 신이며 생명의 열쇠는 접촉이다. 진화는 인류의 어머니이자 아버지다. 그들 없이 우리는 아무것도 아니다."

우리는 모두 고대의 변칙인 단세포 구조에서 기원했다. 그때도 거기에는 3개의 연속된 우라실 염기DNA에서는 티민─옮긴이가 페닐알라닌을 암호화하는 DNA가 있었을 것이다. 그건 자신을 복제하는 마법의 아주 작은 일부일 뿐이며 일단 복제하면 무한히 반복된다. 복제는 35억 년 전에 시작되었고 현재 우리가 진화라고 정의하는 과정에서 변칙, 선택적 번식과 함께 여전히 일어나고 있다.

인간과 자연, 사회, 신앙은 강하게 얽혀 있다. 전통적으로 인간은 자신이 창조라는 왕관의 보석이자 대왕고래, 금강앵무, 벌새, 박각시나방보다 우월한 존재라고 생각해왔다. 우리는 아주 최근에 억겁의 지질학적 시간 중 마지막 1초 무렵이 되어서야 유인원을 닮은 청소동물이자 사냥꾼인 조상에서 오늘날의 사회 기술적인 인간으로 분화했다. 그러나 우리가 열등하다 취급하는 흰개미 같은 동물은 인류보다 수백만 년 앞서 바퀴벌레에서 사회성을 진화시켰다. 때로 어떤 사람은 흰개미가 불완전해 보이는 인간 사회의 시스템을 움직이도록 만드는 게 무엇인지 가르쳐준다고 생각한다. 적어도 하버드대학교 곤충학자 윌리엄 모턴 휠러는 1923년에 출간된 저서 『곤충의 사회생활Social Life Among the Insects』에서 이 사실을 암시했다. 휠러는 "역사는 아리스토텔레스와 플라톤부터 현재에 이르는 자연사가 생명과학이라는 다년생 뿌리와 줄기로 구성되어 있음을 전한다. 이런 특성을 유지하는 것은 그것이 자신을 닮은 유기체에 대한 우리의 가장 근본적이고 필수적인 관심을 충족시키기 때문이다"라고 썼다.

이보다 앞서 휠러는 1920년 《사이언티픽 먼슬리》에 실은 「흰개미에 관한 고찰, 생물학과 사회에 관하여The Termitodoxa, or Biology and Society」라는 기발하고 엉뚱한 에세이에서 벨리코스 흰개미 왕조(실제 아프리카 흰개미종인 테르메스 벨리코수스Termes bellicosus)의 8429번째 임금인 '위위'라는 가상의 흰개미 왕을 창조해 이미 이 주제를 다루었다. 위위는 흰개미가 인간보다 훨씬 높은 차원에서 사회성을 조직한다는 사실과 우리 사회가 직면한 동일한 문제를 어떻게 해결해왔는지 알려준다. 그 문제들은 일반적으로 식량문제, 에너지 관리, 환경, 자원, 적, 군사 과학, 위생, 육아, 노인 관리, 수명과 관련된 것들이다. 위위의 지혜는 우리가 흰개미의 방식을 이해한다면 인간 세계의 문제를 해결할 수 있을 것이라 제시한다. 그러나 그러기 위해서는 "생물학 연구원 수를 지금의 100배 정도로 늘리고, 신뢰와 책임이 맡겨진 자리에 앉힌 다음, 적어도 배관공과 벽돌공의 급여만큼 지급하며 앞으로 3세기 동안 우리가 홍적세 이후로 이뤄온 수준의 사회적 발전을 기대할 수 있게 해야 한다"고 주장했다. 그는 현재의 지질 시대가 끝나기 전에 언젠가 어떤 정치가가 같은 의견을 품기를 진지하게 바라면서 글을 마무리했다.

휠러와 위위가 둘 다 배제한 한 가지는 흰개미에게만 있고 우리에게 없는 것으로, 흰개미를 비롯한 곤충 사회가 공통된 냄새에 의해 하나의 단위로 묶여 있다는 사실이다. 방향을 지시하는 특정 냄새와 달리 사고와 상상력은 거짓말을 허락하므로 일을 더 가변적이고 덜 결합되도록 만든다. 우리에게는 사회적 신원을 개별 냄새로 구별할 능력이 없으므로 자신을 식별하기 위해 대개 복잡한 행동까지 신경을 써야 한다. 거기에는 피부색, 옷차림, 헤어스타일, 고유한 관습과 종교가 모두 포함되지만 언어야말로 가장 주된 수단이다. 우리를 구분하고 통합하는 정체성은 진화적으로나 전통적으로 경쟁자라 인식되는 타인을 창조한다. 타인에게 더 잘 맞서기 위해서는 그를 자신이 속한 집단과 구별해야 한다. 같은 집단 속 사람들에게는 사랑이, 다른 집단 속 사람들에게는 미움이 강해지며 오래 유지되기 때문에 이런 반감은 상황에 따라 강도가 조정된다. 우리는 증오에 가득 찼을 때 가장 잘 싸우기 때문에 타인이 위협을 가할수록 같은 집단 구성원을 더 사랑하게 되고, 그 반대의 경우도 마찬가지다. 그러나 어느 쪽이든 양편 모두가 지는 방향으로 진화를 이끈다. 이런 행위는 서로 간의 차이를 강조할 뿐 아니라, 의식적으로 자연의 섭리를 거슬러가며 애써 차이를 포용하지 않는 한 자신을 해방하기 어렵게 한다. 그 방식이 궁금하다면 우리 집 원목 테이블에 새겨진 말을 떠올리면 된다. "자연은 신이며 생명의 열쇠는 접촉이다." 사실 자연이 전체라면 모든 믿음이 조화되기를 원할 것이다. 문제는 상호 예식에 참여하는 모두가 이와 접촉한다는 점이다. 나는 트레일러닝에서 경험한 바와 같이 사람들이 함께 달리는 게 좋은 출발점이라고 본다. 보편적이고 공정하며 개인뿐만 아니라 생태계에도 유익한 무언가에 모두가 참여하기 때문이다.

인간은 점점 서로의 공통점을 인정하고 있다. 산과 바다도 더는 우리를 갈라놓지 못한다. 우리는 국제 언어로 빠르게 만나고 새로운 기술과 함께 모든 장벽과 거리를 뚫고 즉각 소통할 수 있다. 나는 딸 에리카와 보츠와나의 오카방고 삼각주의 외진 개울에 서 있던 순간을 잊지 못할 것이다. 에리카가 주머니에서 작고 얇은 기계를 꺼내더니 몇 초 만에 메인주 케이프 엘리자베스의 자기 집 부엌에 앉아 있던 손자 게이브리얼, 리엄과 이야기를 하는 게 아닌가. 더 이상 '우리'와 '저들'이라는 구분은 없다. 우리를 안내한 사파리 인솔자가 아프리카인이라는 이유로 세계 여느 도시의 이웃집 남자들과 달라 보이지 않았다. 과거의 우리는 안전을 위해, '그들'과 더 잘 싸우기 위해 하나가 되었지만 이제 '그들'은 피부색, 거리, 인위적인 정치적 경계선에 상관없이 인터넷 클릭 한 번이면 연결되는 1초 거리 안으로 다가왔다. 우리는 한없이 줄어드는 땅에 한없이 모여드는 단일 무리의 일부가 되었고 사회적 본성은 자연 안에서 하나가 되라고 명령한다. 적에 맞서는 분투 속에서 자신보다 훨씬 거대한 존재인 자연에 소속되고 그 일부가 된다는 건 기분 좋은 일이다. 서로 간의 차이를 무시하거나 격차를 줄이고 사람들을 뭉치게 하는 공동의 적으로는 빈곤, 환경 파괴, 인구과잉, 오염, 바이러스, 생물종 감소 및 멸종, 지구온난화, 빈부 격차, 건강, 교육 기회, 세금의 불평등, 책임 같은 것들이 있다. 우리는 같은 구명보트를 타고 자연이라는 바다 위에 뜬 채 동일한 제약과 가능성이 지배하는 아름다운 세계에서 똑같은 필요를 공유하고 있다는 걸 인지해야 한다.

이제 우리는 공동의 적을 인식하고 타인과 연결되는 것이 굉장히 중요하다는 걸 알게 되었다. 우리는 소속에 의해 소속된다. 같은 경기를 뛰고, 같은 노래를 부르고, 같은 옷을 입고, 같은 헤어스타일을 하는 것으로도 충분하다. 그러나 함께 산길을 달리면 특별한 경험을 통해 서로를 결속하게 만드는 도전과 자연, 그 안에 있는 인간의 뿌리와 더불어 자연의 아름다운 장관을 휘감아 도는 힘겨운 코스를 끝낸다는 동일한 목표 아래 저절로 하나가 되는 특별한 집단이 만들어진다.

달리기에 참여한다는 건 생각이 비슷한 사회집단을 창조하는 것이다. 사람들은 동호회에 들어갈 때 내야 하는 회비가 터무니없이 비싸다는 걸 알고 있다. 동시에 노력이 많이 들수록 보상도 크고 유대도 단단해진다는 것을 안다. 가파른 언덕을 오르내리느라 분투하며 머리 위에서는 큰까마귀가 울고 저쪽에서는 청설모가 재잘대는 소리를 듣지만, 이내 찾아오는 고통과 괴로움 속에서도 결승선 너머의 약속된 보상과 만족이라는 천국을 기다리는 내내 서로를 격려한다. 타인의 행복은 나의 희생이 아닌 함께 공유하는 즐거움이다.

인간의 사회적 본성에 걸맞게 우리는 예식 속에서, 그것도 되도록 특별한 장소에서 행하는 예식 속에서 결속한다. 이 장소는 예식의 일부가 되며 크고, 아름답고, 오래가고, 바로 사용할 수 있도록 유지하기 위해 큰 공을 들인다. 그런 곳이 중세 시대에는 인간이 지은 대성당이었고 많은 위대한 종교에서 믿음의 상징이 되었다. 종교가 있는 곳은 예배를 드리는 장소가 함께 따르기 마련이다. 만약 건물을 짓는 대신 자연이 만든 신성한 숲을 일구고 사용하고 예배드리면 어떨까? 헨리 데이비드 소로와 수백만의 사람이 그랬듯 존 뮤어도 자연 속에서 예배를 드렸다. 자연에 아주 가깝게 다가간 사람들은 자연의 아름다움과 힘, 장엄함을 느꼈다. 그러나 굉장히 사회적인 동물로서 우리가 자연을 숭배하기 전에 한 가지 놓친 게 있는데, 바로 공동으로 참여하는 예식이다. 그 점에 있어서 나는 달리기보다 더 나은 게 생각나지 않는다. 달리기는 영혼의 터전으로서 몸과 마음을 먹여 살린다.

달리기는 탁월함의 믿음에 기초한다. 또 달리기 안에는 가치의 집합이 있고 어떻게 행동해야 하는지 알려주는 규칙이 있다. 그 예식과 믿음은 세계적으로 퍼져나가 우리를 하나로 통합한다. 1897년 보스턴 마라톤 완주자는 15명이었으며 2015년에는 3만 231명으로 2000배 이상 증가했다. 뉴욕 마라톤 완주자는 1970년에 55명에서 2016년에 5만 1000명으로 늘었다. 오늘날 보스턴 마라톤의 관중은 50만 명에 육박한다. 1970년대 거리에는 달리기를 하는 사람이 거의 없었지만 이제 조깅하는 이들은 풍경의 일부이며 달리기 동호회는 어디서나 찾을 수 있다. 뉴욕시의 코본 플라워스는 '블랙 맨 런'이라는 단체의 수장으로, 더 강력한 공동체를 건설하는 것을 목표로 삼았다. 블랙 맨 런은 2013년에 제이슨 러셀과 에드워드 월턴이 애틀랜타에서 흑인 남성의 최고 사망 원인인 심장병과 뇌졸중을 퇴치하기 위해 공동 창립했다. 이 책을 집필하는 현재 미국 전역에 총 53곳의 지부가 있다. 이 단체의 모토는 '건강한 형제애'다. 몸을 건강하게 유지하는 활동은 체육관에서 야외로 옮겨가고 있으며 다양한 기회를 제공하고 건강 단련의 문화를 심어주고 있다.

달리기의 미덕을 기념하는 행사는 누구나 참여할 수 있다. 달리기에서 가장 어려운 단계는 문을 열고 나가 어떤 길이든 일단 올라서는 것이지만, 사실 달리기는 경제적 지위, 인종, 성별, 정치적 연관성 같은 성향과는 상관없이 모두가 접근할 수 있는 야외 스포츠다. 경기장도, 구장도, 동호회도 필요 없다. 심지어 신발을 신지 않아도 좋다. 맨발로 기록을 세우는 사람들도 있다. 사는 곳이 어디인지도 중요하지 않다. 뜻이 있는 곳에 길이 있는 법이다. 모든 사람이 환영받을 뿐 아니라 뇌에서 더 많은 뉴런을 생산하고, 속도와 지구력을 위해 근육이 강화되고, 잠재적으로 수명이 더 길어지는 것을 포함해 건강한 몸으로 가는 동등한 발판 위에 서서 시작하는 운동이 달리기다. 달리기에는 타인의 성공을 바라보는 기쁨이 있으므로 4분 달리기와 두 시간짜리 마라톤, 어린 소녀와 80세 할머니의 뜀박질이 모두 위대한 성취가 되어 노력을 인정하고 눈물을 흘리는 사회적 활동이 된다. 이것은 어떤 게 성취될 수 있는지를 보는 우수함의 아름다움이며, 이는 곧 영감이 되어 몸이 아니더라도 영혼으로 공감하고 동참하는 현실로 자리 잡는다. 올림픽 같은 최고의 대회에서는 우리를 대신해 출전한 선수를 통해 영광스러움을 함께 누리고 즉각 참여하게 해서 모두를 하나로 만든다. 하나가 된다는 것만으로도 달리기는 소중하다.

종교란 경외와 존경을 불러일으킴과 동시에 자신을 초월한 위대한 존재에 속하고자 하는 인간의 사회적 본성에서 비롯된 필요의 결과다. 이는 세계에 대한 이해이자 아름다움과 찬란함의 인지이며, 단순한 존재를 넘어 우리가 세상의 일부라는 믿음의 근간이 되는 감정이다. 인간의 이해 속에는 이 모든 순서가 정해져 있으며 그것은 곧 우리가 어울릴 곳에 대한 평가다.

우리는 특별한 시대에 살고 있다. 지난 세기말, 생명과 지구에 대해 폭발적으로 쏟아져 나온 지식은 이제 보편화되고 있다. 찰스 다윈은 인간 기원의 깨우침을 얻기 한참 전인 스물여덟에 이미 이 사실을 헤아렸다. 그는 이렇게 썼다. "만약 마음껏 억측할 수 있다면 고통, 질병, 죽음, 기근에 처한 우리의 형제 동물과, 가장 고된 일을 하는 노예와, 쾌락과 놀이를 함께하는 동료가 모두 하나의 공통 조상에서 기원하여 그물에 한데 얽혀 있다고 볼 수 있을 것이다." 한데 얽이고, 경외와 존경을 장려하고, 행동을 인도한다는 개념은 신화에 의존했던 모든 신앙의 토대이며 자연 세계에 대한 현재의 심오한 통찰에 의해 강화된다. 증명되지 않은 유일한 개념은 지구와 지구 안에 있는 모든 존재가 다른 모든 것을 희생한 채 오로지 인간의 사용과 혜택을 위해 창조되었다고 보는 관점이다. 우리가 감사와 경외심을 가지는 것은 곧 소중히 여기고, 고무하고, 존경하는 것이다. 이제 인간은 그 길에 있다. 아직 그렇게 정의하든 그렇지 않든 우리는 밝혀진 사실에 근거한 자연에 대한 믿음으로 새로운 시대를 시작하고 있다. 실제로 우리는 모든 생명과 하나다. 다른 모든 생명과의 유전적 통합은 우리를 전체의 일부로 만들고, 에드워드 O. 윌슨이 『생명의 미래The Future of Life』에서 자신의 바이오필리아 가설을 언급하며 설명한 것처럼 "생물 다양성을 보전하는 것은 우리 자신의 불멸을 위한 투자"다. 달리기가 예식과도 같은 건 신앙에서와 마찬가지로 자기 자신과 서로에 대한 경청과 수련을 포함하기 때문이다. 우리는 한계를 인지하며 경계를 보고 길을 본다.

자연에서의 달리기는 이러한 마법을 흡수하며 점차 예식에 가까워지고 있다. 자연과 가까워진 개인은 만족감을 느끼며 통합과 관용과 존중을 이루어낸다. 진실에 참고할 사항이 있다면 그것을 대자연 혹은 신이라고 부르길 바란다는 점이다. 우리는 자연을 발밑에 두려고 태어난 게 아니라 성장시키기 위해 여기에 있는 것이다. 결국 우리는 우리를 만든 자연으로 돌아가기 때문이다. 개인은 영원한 생명 속에서 계속된다. 우리는 이 지구에서 하나뿐인 존재지만 그건 멧돼지, 곰, 호랑이, 제왕나비도 마찬가지다. 어떤 합리적인 프로토콜도 어느 하나를 나머지 전부보다 높이 치켜세우지는 않는다. 자연 안에서 모든 존재가 동등한데도 인류는 여전히 지구가 오직 인간을 위해 만들어진 양 행동한다. 나는 높은 고도를 비행하며 내 발아래로 보이는 수백만 마리의 들소, 늑대, 산양, 새, 곤충과 함께 살아 있던 대초원이 작물을 키우는 밭으로 변해 끝없이 이어진 것을 보고 깨달았다. 상상도 할 수 없이 아름답고 풍부한 식물의 생명을 먹고 살던 것들이 모두 사라졌다는 걸 말이다.

퀘이커 명상가인 낸시 보커는 이런 소리가 들리는 호박밭에서 일한 적이 있다고 내게 말했다. "당신이 우리 말을 듣는다면 그건 노예를 해방하는 것과 같을 거예요." 그리고 곧 보커는 말을 거는 상대가 식물임을 알아차렸다. 그도 인정했지만 이 소리가 식물의 음성이라는 건 말도 안 된다. 모두가 알다시피 식물은 말을 못하지 않는가. 그러나 식물은 과학과 생태학을 통해 상징적으로 그리고 큰 소리로 우리에게 말한다. 토양과 거기에서 자라는 것들을 통해, 바다를 포함해 생태계 전체에 영향을 미치는 날씨를 통해, 인간의 식량을 위해 단일 경작지로 전환되어 유독한 화학약품이 뿌려지는 방대한 대초원을 통해서 말이다.

후기

　100킬로미터 경기 기록을 위해 훈련하던 여름에 매기와 내가 손수 지은 통나무집에 앉아 거친 소나무 테이블 상판을 새삼 들여다보며 거기에 새겨진 수백 개의 이니셜, 그림, 날짜를 찬찬히 훑었다. 몇 군데는 시간이 흘러 퇴색된 비문이 되었지만 단어들은 선명히 남아 있었다. "자연은 신이며 생명의 열쇠는 접촉이다. 진화는 인류의 어머니이자 아버지다. 그들 없이 우리는 아무것도 아니다." 이걸 새긴 사람의 이니셜은 낡아서 흐릿해졌지만 아마 '03 DE'라고 쓴 듯했다. 2003년 강의 목록을 찾아보니 댄 엘모위츠라는 학생인 것 같았다. 올바른 방향으로 향하는 달리기가 그렇듯 자연을 향한 그의 작은 경외의 몸짓에 큰 힘이 있다고 생각하고 싶다. 사람들이 늘 말하는 것처럼 언제나 달리기에서 가장 어렵고도 중요한 단계는 일단 문밖을 나서는 것이며 동시에 그건 모두가 할 수 있는 중요한 일이다.

우리는 가치 있는 존재가 되려 애쓰고, 사회적 존재로서 스포츠 팀, 가문, 나라처럼 자신보다 큰 가치가 있는 무언가의 일부가 되는 것을 중요하게 생각한다. 이제는 그 가치를 글로벌한 세상에서 우리 모두가 속한 자연으로 보면 어떨까? 자연을 사랑하고 원하며 지키기 위해 어떤 일이라도 하는 법을 배울 수 있을까? 그러기만 한다면 자연은 영원히 장엄하고 아름답게 우리를 하나로 묶어줄 것이다.

어린 시절 메인주에서 다닌 굿윌학교에서의 나의 가치는 일요일 예배 전 흰 셔츠를 빨아 다림질하고, 교회와 저녁 공부 시간 전에 주기도문을 외우고, 고등학교 조회 시간에 국기에 대한 맹세를 하는 것에 있었다. 조금만 깊이 생각해보았다면 이내 혼란스러웠겠지만 우리는 따라야 할 확실함을 찾아 헤매는 젊은이들이었기에 아무 의문도 제기하지 않았다. 특히 아웃사이더였던 나는 더 큰 압박을 느꼈다. 모든 것이 그저 막막하기만 하고 논리를 거부한 채 불투명해 보였다. 자연이 곧 신이라는 사실을 진작 배웠더라면 덜 외롭고 덜 불안했을 것이다. 아마 진작 자연에 대한 이해와 헌신을 자처하는 사람이 되지 않았을까 싶다.

이제 여든 번째 생일을 치른 나는 더는 과거처럼 달리기 선수도, 과학자도 아니다. 허나 나는 내가 바라던 꿈의 대부분을 이루었다. 달리기 선수와 과학자로서의 역할은 최근까지도 내 관심과 에너지를 차지했다. 가족과 친구들에게 더 관심을 쏟지 못한 점은 미안하게 생각한다. 평생 독행하고 긴급한 과제에 감정을 억누르며 지낸 바람에 가족과 친구들 사이에서 느낄 수 있는 삶의 충만함을 놓치고 살았다. 인생의 마지막 단락을 쓰며 이제 내가 달려야 할 새로운 경주는 더 깊이 사랑하는 방법을 배우는 것임을 다시금 느낀다.

인생의 결승선까지 가는 길에는 아직도 미지의 것들이 많이 남아 있다. 과거에 나를 잘 도와준 끈기와 절제력을 앞으로 다가올 것들에도 적용할 셈이다. 한편 내 열정은 계속될 것이다. 새와 곤충과 나무에 대한 사랑, 그리고 진리가 밝혀지기 시작하는 모든 새로운 영역에 대한 열정까지. 또 나는 벗과 팬들과 소통하기 위한 새로운 기술을 배울 예정이며 황야가 가진 변화의 자유를 계속해서 사랑하고 무의식 속에 바라던 삶을 살기 시작할 것이다. 과거의 나에게서 벗어나 내면에 너무 오래 잠들어 있던 씨앗을 깨워 내가 받은 만큼 물려주고 싶은 희망을 실천할 것이다.

내게 크나큰 영감을 준 스승 여덟 분을 떠올린다. 메인대학교에서의 여섯 분, UCLA에서의 두 분. 모두 애틋하게 기억하는 이름이지만 이 세상에 남아 계신 분은 없다. 나는 더 이상 교수가 아니고 그 너머를 향하고 있다. 이 긴 달리기의 결승선에 도착했을 때 상자 안에 갇히고 싶지 않다. 땅 위에 올려지는 대신 땅에 둘러싸이고 싶다. 내 죽음으로 숲 속에서 잔치를 열고 싶기도 하다. 거기서 울트라 마라톤 결승선에 차려진 만찬처럼 모든 것의 출발점인 자연으로 되돌아가는 순간을 기념하기 위해 모두와 공짜 맥주를 나누고 싶다. 내 마지막이 축하의 자리가 되면 좋겠다. 많은 이름과 명언이 새겨진 테이블을 둘러싸고 예전에 그랬듯 사람들이 마음과 악기로 연주하는 록 음악이 울려 퍼지면 좋겠다.

나를 둘러싼 토양은 미국밤나무가 자라는 데 좋은 거름이 될 것이다. 그 자리를 찾은 모든 이들이 근처에서 묘목 한 그루씩을 찾아 집에 가져가 심어도 좋다. 마지막으로, 사람들이 웨스트브룩 로드를 거치고 텀블다운 산의 산자락을 지나 웨브 호수를 한 바퀴 뛰어주면 좋겠다. 애덤스 씨가 무심결에 던진 한마디가 낯선 나라에 도착한 어느 외국인 아이에게 자극을 주어 달리기 선수이자 세계시민이 되도록 노력하게 한 바로 그곳이다. 그곳을 뛰는 동안 내가 그들의 행복을 진심으로 바라고 있다는 걸 알게 될 것이다.

감사의 말

앨런 실리토가 『장거리 주자의 고독The Loneliness of the Long-Distance Runner』에서 묘사한 것처럼 때로 달리기는 고독하다. 그러나 언제나 동행이 함께 달린다. 내 인생에서 달리기는 영감을 준 훌륭한 사람들과 함께였다. 내 모든 달리기에 흔적을 남긴 주자, 친구, 동료, 경쟁자, 팀원들에게 이 책을 바친다. 그들은 이 책의 한 부분이다. 달리기는 우리가 다른 사람에게 응원을 보내고 공감하는 공동의 활동이다. 이타적인 마음으로 시간을 내어 달리기 대회에 헌신한 운영진에게도 감사를 표한다. 고등학교 시절 2년간 크로스컨트리를 함께한 팀원들과 멘토, 어린 시절 선생님들, 플로이드 애덤스, 필 포터와 그의 아내 머틀 포터, 굿윌힝클리학교에서 놀라운 인내심으로 나를 가르쳐주신 많은 선생님,

특히 레프티 굴드, 윈프레드 켈리, 에스터 더넘, 필 토울, 도널드 프라이스에게 감사를 전하고 싶다. 메인대학교에서 4년을 함께한 크로스컨트리, 실내 육상, 봄철 육상 대표 팀 동료들의 얼굴, 그리고 그들이 보내준 격려와 달리기 정신의 몸짓을 나는 아직도 기억한다. 돌아가신 밥 콜비 코치와 에드먼드 스티르나 코치가 기억 속에 생생하다. 버클리대학교 에드워즈 트랙에서 10년간 함께 달린 내 50년 달리기 지기 맥스 미셰. 미셰와 함께 친구이자 멘토였고 그곳에서 비공식 코치로 활약한 마크 그러비에게도 감사하다. 맥스가 그 시절의 기억을 되살려주었기에 다시는 잊지 않을 것이다.

과학에 공헌하며 내게 생기와 영감을 준 모든 이에게 대단히 큰 빚을 졌다. 나는 크누트 슈미트 닐센과 빈센트 위걸즈워스 경이 환경과 곤충 생리학에 대해 쓴 책에 크게 영향을 받았다. 여기서 다 언급할 수는 없지만, 그 외에도 훌륭한 과학 문헌을 통해 내게 영향을 준 수많은 이들에게 감사한다. 개인적으로 메인대학교에서 학부와 대학원 과정 때 가르침을 받은 지도 교수들에게도 큰 빚을 졌다. 제임스 R. 쿡, 알 바든, 켄 앨런, 벤 스피처, 찰스 메이저, 빌 발리우, 앨런 문, 프랭크 로버츠, UCLA의 조지 A. 바르톨로뮤와 프란츠 엥겔먼 교수까지. 나는 그들이 내게 준 영감과 끝없는 지지와 우정을 여전히 또렷하게 기억한다.

세상을 떠난 빌 게이턴이 메인 로디스 육상 클럽에 바친 헌신에 감사를 표한다. 비록 정식 회원은 아니었지만 명예 회원 정도의 자격은 있는 사람으로서 그와 클럽이 늘 자랑스럽다. 경기 감독인 게이턴은 친구이자 조력자였고 주자들의 권리를 위해 힘껏 싸웠다. 그의 응원과 배짱

이 그립다. 로디스에서 팀 동료였던 대런 빌링스에게 고맙다. 그는 트랙에서 미국 기록을 세우려던 내 도전에 좋은 아이디어와 자신감을 주고 그곳으로 나를 이끌었다. 트랙에서 밤을 꼴딱 새우며 내가 지치지 않도록 옆에서 물과 음식을 주고, 보스턴을 비롯한 여러 대회에 데려다준 찰스 F. 수얼에게도 감사한다. 린 제닝스는 우리 시대 최고의 중거리 선수 중 한 명으로, 7년이라는 멋진 시간 동안 그와 함께 어울리고 달렸다. 제이슨 마주로프스키는 내가 달리기 종목을 바꿀 수 있도록 팁을 주었다. 던 신더슨은 30년 이상의 공백 후에 나를 처음으로 일으켜 울트라 마라톤을 달리게 해주었다. 그가 되살린 축하의 기억과 타이피스트로서의 귀중한 도움에도 고마움을 전한다. 에드워드 O. 윌슨은 하버드에서 안식년을 보낼 수 있도록 주선하고 지원해주었고 마라톤에 도전할 수 있도록 격려해주었다. 그가 자신의 책 『생명의 미래』에 개미 그림과 함께 "베른트를 위하여, 애정과 존경을 담아"라고 써서 전해준 선물에 감사한 마음을 표한다.

먼 과거부터 현재까지 많은 관심을 보이며 내 달리기와 과학에 영향을 준 감사한 사람들이 있다. 잭 풀츠, 레이 크롤레비치, 릭 크라우제, 제프 플레이츠, 매트 라예, 존 시베타, 벤자민 켈러, 에런 배기시, 데이비드 휴이시, 찰스 소이어, 무엇보다 낸시 보커의 투지와 영감에 감사한다.

에이전트 산드라 데이크스트라와 편집자 가브리엘라 둡, 하퍼콜린스 직원들의 아낌없는 지지와 격려, 인내에도 깊이 감사를 전한다.

참고 문헌

Billings, D. "Aerobic Efficiency in Ultrarunners." *UltraRunning*, November 1984, 24–25.

Cobb, M. *Life's Greatest Secret: The Race to Crack the Genetic Code*. London: Profile Books, 2015.

Cook, J. R., and Heinrich, B. "Glucose vs. Acetate Metabolism in *Euglena*." *Journal of Protozoology* 12, no. 4 (1965): 581–84.

Costill, D. L. "A Scientific Approach to Distance Running." *Track and Field News*, 1979.

DeCoursey, P. J. "Effect of Light on the Circadian Activity Rhythms of the Flying Squirrel, *Glaucomys volans*." *Zeitschrift für Vergleichende Physiologie* 44 (1961): 331–54.

Dunlap, J. C. "Molecular Bases for Circadian Clocks." Cell 96, no. 2 (January 22, 1999): 271–90.

Gwinner, E. "Photoperiodic Synchronization of Circannual Rhythms in the European Starling (*Sturnus vulgaris*)." *Naturwissenschaften* 64 (1977): 44–45.

Gwinner, E., and J. Dittami. "Pineal Influences on Circannual Cycles in European Starlings: Effects Through the Circadian System?" In *Vertebrate*

Circadian Systems: Structure and Physiology, edited by J. Aschoff, S. Daan, and G. A. Groos, 276–84. Berlin: Springer-Verlag, 1982.

Hayes, G. L. T., et al. "Male Semelparity and Multiple Paternity in an Arid-Zone Dasyurid." *Journal of Zoology* 308, no. 4 (April 21, 2019): 266–73.

Heinrich, B. "Bee Flowers: A Hypothesis on Flower Variety and Blooming Times." *Evolution* 29, no. 2 (June 1975): 325–34.

Heinrich, B. "Energetics of Honeybee Swarm Thermoregulation." *Science* 212, no. 4494 (May 1981): 565–66.

Heinrich, B. "Energetics of Pollination." *Annual Review of Ecology and Systematics* 6 (November 1975): 139–70.

Heinrich, B. "The Exercise Physiology of the Bumblebee." *American Scientist* 65, no. 4 (July–August 1977): 455–65.

Heinrich, B. "The Foraging Specializations of Individual Bumblebees." *Ecological Monographs* 46, no. 2 (Spring 1976): 105–28.

Heinrich, B. "Heat Exchange in Relation to Blood Flow Between Thorax and Abdomen in Bumblebees." *Journal of Experimental Biology* 64(1976): 561–85.

Heinrich, B. "Nervous Control of the Heart During Thoracic Temperature Regulation in a Sphinx Moth." *Science* 169, no. 3945 (August 7, 1970): 606–7.

Heinrich, B. "Pacing: The Lesson of the Frogs." *UltraRunning*, July–August 1987, 32–33.

Heinrich, B. *Racing the Antelope: What Animals Can Teach Us About*

Running and Life. New York: Ecco, 2001. (베른트 하인리히, 『우리는 왜 달리는가』, 정병선, 이끼북스, 2006.)

Heinrich, B. *The Snoring Bird: My Family's Journey Through a Century of Biology*. New York: Ecco, 2007.

Heinrich, B. "Thermoregulation in Bumblebees: II. Energetics of Warm-up and Free Flight." *Journal of Comparative Physiology* 96 (June 1975): 155–66.

Heinrich, B. "Thermoregulation in Endothermic Insects." *Science* 185, no. 4153 (August 30, 1974): 747–56.

Heinrich, B. "Thoracic Temperature Stabilization by Blood Circulation in a Free-Flying Moth." *Science* 168, no. 3931 (May 1, 1970): 580–82.

Heinrich, B. "Weasels in Farmington." *Maine Field Naturalist* 17 (1961): 24–25.

Heinrich, B. "Why Have Some Animals Evolved to Regulate a High Body Temperature?" *American Naturalist* 111, no. 980 (July–August 1977): 623–40.

Heinrich, B. *Why We Run: A Natural History*. New York: Ecco, 2002.

Heinrich, B., and G. A. Bartholomew. "Roles of Endothermy and Size in Inter-and Intraspecific Competition for Elephant Dung in an African Dung Beetle, *Scarabaeus laevistriatus*." *Physiological Zoology* 52, no. 4 (October 1979): 484–96.

Heinrich, B., and J. R. Cook. "Studies on the Respiratory Physiology of *Euglena gracilis* Cultured on Acetate or Glucose." *Journal of*

Protozoology 14, no. 4 (November 1967): 548–53.

Heinrich, B., and C. Pantle. "Thermoregulation in Small Flies (*Syrphus* sp.): Basking and Shivering." *Journal of Experimental Biology* 62 (1975): 599–610.

Jordan, W. "The Bee Complex." *Science* 5 (May 1984): 58–65.

Kammer, A. E., and B. Heinrich. "Metabolic Rates Related to Muscle Activity in Bumblebees." *Journal of Experimental Biology* 61, no. 1 (August 1974): 219–27.

Kessel, E. L. "The Mating Activities of Balloon Flies." *Systematic Zoology* 4, no. 3 (September 1955): 97–104.

Krause, R. *One Hundred Years of Maine Running* (self-pub., 1995).

McKenzie, P. "When Do Ultrarunners Stop Running Ultras?" *UltraRunning* (April 1992): 31.

Miller, B. F., et al. "Participation in a 1,000-Mile Race Increases the Oxidation of Carbohydrate in Alaskan Sled Dogs." *Journal of Applied Physiology* 118 (June 2015): 1502–9.

Noakes, T. *The Lore of Running*. Cape Town: Oxford University Press Southern Africa, 1985. (티모시 녹스, 『더 빨리 달리고 싶다』, 장경태, 지식공작소, 2006.)

Parker, J. L., Jr. *Once a Runner*. New York: Cedarwinds, 1978.

Pérez-Rodríguez, L., et al. "Vitamin E Supplementation—But Not Induced Oxidative Stress—Influences Telomere Dynamics During Early Development in Wild Passerines." *Frontiers in Ecology and Evolution* 7:173 (May 21, 2019).

Renner, M. "Über ein weiteres Versetzungsexperiment zur Analyse des Zeitsinnes und der Sonnenorientierung der Honigbiene." *Zeitschrift für Vergleichende Physiologie* 42 (September 1959): 449–83.

Riegel, P. "The Aging Slowdown." *UltraRunning*, December 1984, 30.

Sillitoe, A. *The Loneliness of the Long-Distance Runner*. New York: Alfred A. Knopf, 1959. (앨런 실리토, 『장거리 주자의 고독』, 이은선, 창비, 2010.)

Svensson, P. *The Book of Eels*. New York: Ecco, 2020.

Taigen, T. L., and K. D. Wells. "Energetics of Vocalization by an Anuran Amphibian (*Hyla versicolor*)." *Journal of Comparative Physiology B* 155 (1985): 163–70.

Thomas, E. M. *The Old Way: A Story of the First People*. New York: Sarah Crichton Books, 2006.

Travis, J. "Chilled Brains." *Science News* 152 (1997): 364–65.

Van der Post, L. *The Lost World of the Kalahari*. Harmondsworth, UK: Hogarth Press, 1958.

Von Frisch, K. *Bees: Their Vision, Chemical Senses, and Language*. Ithaca, NY: Cornell University Press, 1950.

Ybarrondo, B. A., and Heinrich, B. "Thermoregulation and Response to Competition in the African Dung Ball-Rolling Beetle *Kheper nigroaeneus* (Coleoptera: Scarabaeidae)." *Physiological Zoology* 69 (1996): 35–48.

Young, M. W. "The Tick-Tock of the Biological Clock." *Scientific American* 282, no. 3 (March 2000): 64–71.

지은이 베른트 하인리히 Bernd Heinrich

1940년 폴란드 보로브케에서 태어난 독일인으로, 제2차 세계대전 때 고향을 떠나 독일 한하이데 숲으로 이주해 그곳에서 유년기를 보냈다. 메인주립대학교에서 동물학 학사와 석사 학위를 받았고, UCLA에서 동물학 박사 학위를 받았으며 UC 버클리와 버몬트대학교에서 교수를 역임했다. 현재는 메인주의 통나무집에 살면서 저술 활동을 하고 있고 버몬트대학교 생물학부 명예교수로 재직 중이다. 『뒤영벌의 경제학』으로 두 번이나 미국 도서상 후보에 올랐으며 『까마귀의 마음』으로 존버로스상을, 『숲에 사는 즐거움』으로 L.L.윈십 도서상을, 『생명에서 생명으로』로 미국펜(PEN)클럽 논픽션상을 수상했다.

옮긴이 조은영

어려운 과학책은 쉽게, 쉬운 과학책은 재미있게 옮기려는 과학 도서 번역가다. 서울대학교 생물학과를 졸업하고 서울대학교 천연물과학대학원과 미국 조지아대학교 식물학과에서 석사 학위를 받았다. 옮긴 책으로 『세상에 나쁜 곤충은 없다』, 『새들의 방식』, 『벤 바레스』, 『나무의 세계』, 『나무에서 숲을 보다』, 『생물의 이름에는 이야기가 있다』, 『세렝게티 법칙』, 『나무는 거짓말을 하지 않는다』, 『10퍼센트 인간』 등이 있다.

뛰는 사람

달리기를 멈추지 않는 생물학자
베른트 하인리히의 80년 러닝 일지

펴낸날 초판 1쇄 2022년 7월 15일
　　　　초판 3쇄 2022년 11월 19일
지은이 베른트 하인리히
옮긴이 조은영
펴낸이 이주애, 홍영완
편집장 최혜리
편집2팀 김혜원, 박효주, 홍은비
편집 양혜영, 유승재, 박주희, 문주영, 장종철, 강민우, 김하영, 이정미
디자인 박아형, 김주연, 기조숙, 윤소정, 윤신혜
마케팅 김미소, 정혜인, 김태윤, 김예인, 김지윤, 최혜빈
해외기획 정미현
경영지원 박소현
펴낸곳 (주)윌북 출판등록 제2006-000017호
주소 10881 경기도 파주시 회동길 337-20
전화 031-955-3777 팩스 031-955-3778
홈페이지 willbookspub.com 전자우편 willbooks@naver.com
블로그 blog.naver.com/willbooks 포스트 post.naver.com/willbooks
페이스북 @willbooks 트위터 @onwillbooks 인스타그램 @willbooks_pub
ISBN 979-11-5581-482-6 03400